ISBN 978-3-662-22705-3   ISBN 978-3-662-24634-4 (eBook)
DOI 10.1007/978-3-662-24634-4

Die in den Sitzungsberichten Abtlg. I und Abtlg. II der math.-nat. Klasse der Österr. Ak. d. Wiss. erscheinenden Abhandlungen werden auch einzeln abgegeben. Sie können durch jede Buchhandlung oder direkt durch die Auslieferungsstelle der Österreichischen Akademie der Wissenschaften (Wien I, Singerstraße 12) bezogen werden.

Nachfolgende Abhandlungen aus dem Fache **Botanik** (Biologie) sind erschienen:

1957 (S I Bd. 166):

Politis J.: Über die „Tanninoplasten" oder Gerbstoffbildner der Crassulaceae (mit 2 Textabbildungen und 1 Tafel). S 6.—
Politis J.: Über einen neuen Pflanzenfarbstoff in den Blüten einiger Verbascum-Arten (mit 2 Tafeln). S 5.20
Übeleis Ilse: Osmotischer Wert, Zucker- und Harnstoffpermeabilität einiger Diatomeen (mit 1 Textabbildung). S 30.40

1958 (S I Bd. 167):

Höfler Karl: Permeabilitätsstudien an Parenchymzellen der Blattrippe von Blechnum spicant (mit 5 Textabbildungen). S 45.—
Rechinger K. H., Dulfer H. und Patzak A.: Širjaevii fragmenta astragalogica IV. S 38.10
Url Walter: Zur Wirkung der Atmungsgifte Natriumazid und Dinitrophenol auf die Permeabilität von Blechnum spicant-Zellen (mit 3 Textabbildungen). S 25.—
Wawrik Friederike: Hochgebirgs-Kleingewässer im Arlberggebiet III (mit 3 Textabbildungen und 1 Tafel). S 18.90

1959 (S I Bd. 168):

Biebl Richard: Röntgenstrahlenwirkungen auf Commelinaceenstecklinge (Total- und Partialbestrahlungen) (mit 9 Tabellen und 5 Textabbildungen). S 31.20
Höfler Karl: Über die Gollinger Kalkmoosvereine (mit 1 Textabbildung und 1 Tafel). S 34.50
Höfler Karl und Fetzmann Elsa Leonore: Algen-Kleingesellschaften des Salzlackengebietes am Neusiedler See I (mit 1 Tafel). S 21.50
Hustedt Friedrich: Die Diatomeenflora des Salzlackengebietes im österreichischen Burgenland (mit 31 Textabbildungen und 1 Tafel). S 53.90
Luhan Maria: Zur Wurzelanatomie unserer Alpenpflanzen. IV. Compositae (mit 9 Textabbildungen und 4 Tafeln). S 36.90
Pfoser Karl: Vergleichende Versuche über Verholzungsreaktionen und Fluoreszenz (mit 2 Textabbildungen und 2 Tafeln). S 18.70
Rechinger K. H., Dulfer H. und Patzak A.: Širjaevii fragmenta astragalogica. S 29.40
Wendelberger Gustav: Die Vegetation des Neusiedler See-Gebietes. S 7.20

1960 (S I Bd. 169):

Bolay Erika: Die Vitalfärbung voller Zellsäfte und ihre cytochemische Interpretation (mit einer Textabbildung und 5 Tafeln). S 49.—
Ehrendorfer F.: Neufassung der Sektion Lepto-Galium Lange und Beschreibung neuer Arten und Kombinationen (zur Phylogenie der Gattung Galium, VII). S 12.—
Franz Gertrude: Die Mikroflora einiger Standorte im Leithagebirge in ihrer Abhängigkeit von Boden und Vegetationsdecke (mit 22 Textabbildungen). S 88.—
Pruzsinszky S.: Über Trocken- und Feuchtluftresistenz des Pollens (mit 12 Abbildungen auf 6 Tafeln). S 63.40

1961 (S I Bd. 170):

Fetzmann Elsalore, Vegetationsstudien im Tanner Moor (Mühlviertel, Oberösterreich) (mit 2 Textabbildungen und 2 Tafeln). S 170–3, S 23.—
Pruzsinszky Siegfried und Url Walter, Ein Beitrag zur Desmidiaceenflora des Lungaues. S 170–1, S 9.—
Rechinger K. H., Dulfer H. und Patzak A., Širjaevii fragmenta astragalogica XIII. bis XVII. Teil. S 170–2, S 56.—

1962 (S I Bd. 171):

Niklfeld Harald, Über die Pflanzengesellschaften der Fels- und Mauerspalten Südfrankreichs (mit 1 Textabbildung und 1 Falttabelle) 171–23, S 52.—
Url Walter, Permeabilitätsversuche an Stengelepidermiszellen von Gentiana germanica und Gentiana ciliata (mit 3 Textabbildungen) 171–16, S 40.—

Zur Permeabilität und Salzresistenz einiger Diatomeen des Salzlachengebietes am Neusiedler See

Von UTA KOVARIK

Aus dem Pflanzenphysiologischen Institut der Universität Wien

Mit 3 Abbildungen

(Vorgelegt in der Sitzung am 13. Dezember 1962)

Inhalt

I. Einleitung 121
II. Material und Methodik 126
III. Versuche 129
    Anomoeoneis sphaerophora, Anomoeoneis polygramma, 1—10 . . . 129
    Nitzschia hungarica, 11—12 139
    Cymbella pusilla, 13 144
    Nitzschia sigmoidea, 14 146
    Stauroneis Wislouchii, 15 147
    Navicula cryptocephala, 16 150
    Anomoeoneis polygramma, 16 151
    Nitzschia-Arten, *Anomoeoneis*-Arten, 17—18 151
    Surirella ovata, 19 153
    Nitzschia sigmoidea, Navicula cuspidata, 20 154
    Vergleichsmaterial aus dem Süßwasser, verschiedenste Arten, 21 . 155
IV. Besprechung 156
V. Zusammenfassung 161
VI. Literatur 163

I. Einleitung

Als nach der Entdeckung der bedingten Durchlässigkeit des Protoplasten für in Wasser gelöste Stoffe durch DE VRIES und KLEBS wenig später OVERTON (1895—1900) zahlreiche chemische Verbindungen an pflanzlichen und tierischen Zellen auf ihr Permeiervermögen prüfte, stellte er zunächst fest, daß die verschiedenen Plasmasorten — tierische und pflanzliche — im wesentlichen Übereinstimmung zeigen bezüglich der Geschwindigkeit, mit der diverse Verbindungen durch sie permeieren. Später aber, besonders auch durch quantitative Untersuchungen nach der mikrochemischen und plasmometrischen Methodik (u. a. COLLANDER und BÄRLUND 1933, HÖFLER 1934, 1938 und HOFMEISTER 1935, 1938), zeigte es sich, daß die einzelnen Protoplasten in ihren Permeabilitätseigenschaften doch recht stark divergieren können. Die Anordnung der einzelnen Diosmotika nach der Geschwindigkeit ihres Durchtrittes, also die Aufstellung von sogenannten Permeabilitätsreihen für möglichst vielerlei Protoplasten, war ein Ziel der vergleichenden Protoplasmatik (HÖFLER 1942).

Sonderfälle im Durchlässigkeitsverhalten wurden erst recht spät entdeckt. Einmal war es die von RUHLANDS Schule ausführlich bearbeitete Schwefelbakterie *Beggiatoa*, die durch ihr extremes Verhalten das Paradebeispiel der Ultrafiltertheorie wurde (RUHLAND und HOFFMANN 1925). Zum anderen handelt es sich um das vom Üblichen stark abweichende Verhalten der *Diatomeen*.

CHOLNOKY (1928) prüfte als erster das später zu besprechende Verhalten der Kieselalgen in hyper- und hypotonischen Lösungen.

Doch erst MARKLUND (1936) und ELO (1937) entdeckten die auffallend hohe Zuckerpermeabilität des Diatomeenprotoplasten. Nicht allein Stoffe wie Rohr- und Traubenzucker dringen schnell ins Plasma ein, auch die Salze permeieren schnell. Sogar die Ca-Salze, die ansonsten eine irreversible Schädigung hervorrufen, dringen zwar langsam, aber doch in plasmometrisch nachweisbaren Mengen in das Plasma ein.

Die gut untersuchte Biozönose des Franzensbader Mineralmoores bot HÖFLER und LEGLER (1940) reichliches Untersuchungsmaterial. Besonderes Augenmerk wurde auf die Salzresistenz gerichtet.

Weitere Untersuchungen unternahm HÖFLER (1940) an *Anomoeoneis sculpta* und *A. sphaerophora*. Er kommt zu dem allgemeinen Schluß, daß das Plasma durch eine ungewöhnlich hohe Zuckerpermeabilität ausgezeichnet sei. Schon CHOLNOKY (1935) beobachtete ja, daß die Plasmolyse bei *Melosira arenaria* in einer 10%igen Zuckerlösung (wenn auch nur langsamer) zurückgeht. Bei langer Versuchsdauer tritt eine Hemmung der Rückdehnung auf. Wie HÖFLER erwähnt, ging CHOLNOKY nur knapp an der Entdeckung der hohen Zuckerpermeabilität vorbei. In stärker hypertonischen Medien tritt eine „Erstarrung" auf, die die normale Rückdehnung verhindert. Diese Erstarrung stellt aber durchaus nicht das Normalverhalten dar, sondern ist mit der Permeabilitätshemmung bei höheren Pflanzen zu vergleichen, und kann bei den Diatomeen als pathologische Veränderung des Protoplasten angesehen werden.

HÖFLER (1943) beschäftigt sich weiter mit dieser Frage. Unter anderem ist diesmal *Pinnularia microstauron* sein Versuchsobjekt. Es zeigt sich bei seinen Experimenten ganz klar, daß der Rückgang der Plasmolyse durch Endosmose des Zuckers bewirkt wird. Bei Zuckerversuchen tritt bei *Anomoeoneis* Speicherung von Kohlehydraten in Form von kleinen Fetttröpfchen im Zellsaft auf.

BOGEN und FOLLMANN (1955) weisen in ihrer Arbeit darauf hin, daß die hohe Zuckeraufnahme eine nur scheinbare sei und nicht eindeutig auf Permeabilitätseigenschaften zurückgeführt werden könne. Der spezifische Diatomeentyp sei nur ein Ausdruck für gewisse Stoffwechseleigentümlichkeiten, die zu einer nichtosmotischen Stoffaufnahme führen (BOGEN, FOLLMANN 1955: 145f.). HÖFLER und URL (1958) haben indes diese Vorstellungen BOGENS entkräftet und darauf hingewiesen, daß die Vorstellung vom „nichtosmotischen" Zellsaftwasser, das unter dauernder Energieleistung des Protoplasten festgehalten werden soll, unhaltbar sei, genau so wie die Annahme, daß der Protoplast „aktiv" Wasser aufnehmen und sich so gegen das osmotische Gefälle hin ausdehnen könne.

Es besteht kein Zweifel, daß auch bei den Diatomeen die Plasmolyse durch Endosmose, das heißt, durch Eindringen des Stoffes in den Zellsaftraum und durch die Erhöhung des osmotischen Wertes, zurückgeht. Da die Diatomeen den Zucker nicht chemisch unverändert speichern können — er ginge ja durch fortwährende Exosmose wieder verloren — wird er von dem hochpermeablen Plasma zum Zwecke der Speicherung in solche Verbindungen umgewandelt, die der Zelle nicht verloren gehen können. So kommt es zum Umbau des Kohlehydrates in fette Öle, die als kleine Tröpfchen nicht nur — wie allgemein — im Plasma, sondern auch im Zellsaft vorkommen.

CHOLNOKY untersuchte als erster die Diatomeenflora der ungarischen Natronteiche plasmolytisch. Da die Ökologie der Kieselalgen, speziell des Mineralmoores von Soos bei Franzensbad, von LEGLER (1939) sehr gut untersucht worden war, wählten HÖFLER und LEGLER (1940) Diatomeen dieser Biocönose zu Untersuchungen. Auch hier zeigt sich wieder deutlich, daß die Salzresistenz der vorkommenden Arten sehr verschieden ist. Die Unterschiede sind hier allerdings höher zu bewerten als bei ausgeglichenen Meeresgesellschaften, wie sie zum Beispiel die Küsten bieten. Bei keiner der bisher untersuchten Arten bedeutet aber, wie HÖFLER immer wieder ausdrücklich betont, die Hypertonie und die anfängliche Plasmolyse an sich schon die Schädigungsschwelle. Die Resistenzschwellen liegen vielmehr im Bereich der Hypertonie ziemlich gut fixiert bei bestimmten Konzentrationen, die wahrscheinlich für die einzelnen Arten charakteristisch sind. Allerdings kann bei den Materialien verschiedener Herkunft und Salzstimmung die Resistenzschwelle einer Art recht verschieden hoch liegen.

BAUER (1938) arbeitete über marine Diatomeen und beobachtete die Wiederaufnahme der typischen Bewegung nach dem Rückgang einer nicht zu starken Plasmolyse. Bei einer hohen Konzentration kam es zu einer Erstarrung des Protoplasten.

Ein weiterer Beitrag zur Permeabilität der Diatomeen war die Arbeit HÖFLERS (1940) über die Diatomeenflora des Mineralmoores von Soos bei Franzensbad. Entgegen der Erwartung, daß sich die Algen ausgesprochener Salzstandorte besonders resistent verhalten würden, zeigte es sich, daß die im Plasmolyseversuch noch erträgliche Salzschwelle selbst für die Diatomeen derselben Lebensgemeinschaft sehr differieren kann. HÖFLER meint in jener Arbeit, die Permeabilitätseigenschaften seien wohl für den ganzen Stamm der *Bacillariophyten* charakteristisch, in den Resistenzeigenschaften sei jedoch das besondere Kennzeichen der einzelnen Arten zu sehen (HÖFLER 1940: 109).

Wie sich jedoch in späteren Jahren gezeigt hat, sind die Permeabilitätseigenschaften durchaus nicht für den gesamten Stamm so einheitlich und kennzeichnend. HÖFLER fand etwa in der halophoben Diatomee *Caloneis obtusa* ein Objekt, das keine hohe Zuckerpermeabilität besitzt. Diese Form zeigt zwar eine schöne Plasmolyse, läßt jedoch die Rückdehnung des Protoplasten vermissen. Harnstoff dagegen kann sehr wohl in den Zellsaftraum eindringen, so daß sich der kontrahierte Protoplast nach einiger Zeit auch wieder ausdehnt. Die bei den Diatomeen im allgemeinen vorhandene Zuckerpermeabilität fehlt also dem Plasma von *Caloneis obtusa* völlig. Diese Art und vielleicht auch noch einige andere Spezies zeigen ein dem Normaltyp der Zellen mehr angenähertes Verhalten. Allerdings ist die Zuckerpermeabilität noch immer 10mal so hoch wie die der normalen Pflanzenzelle.

Schon lange ist bekannt, daß während der Plasmolyse die so charakteristische Bewegung der Diatomeen vollkommen aufhört. Erst wenn beim Rückgang die letzte kleine Bucht am Protoplasten ausgeglichen ist und der Raphestrom wieder in Tätigkeit tritt, beginnen die Zellen sich zuerst ruckartig um ihre Transapikalachse zu drehen und gleiten dann nach einigen Rucken in der Längsrichtung davon. Bei den pennaten Diatomeen gibt es aber nach HÖFLER (1940) nicht nur eine translatorische Bewegung, die durch den Raphestrom vermittelt wird, sondern auch einen zweiten Bewegungsmechanismus, der eine Drehbewegung auslöst. Dieser Mechanismus ist auch während der Plasmolyse nicht völlig ausgeschaltet (vgl. CHOLNOKY und HÖFLER 1944).

Angeregt von BAUERS Arbeit über Meeresdiatomeen untersuchte auch FISCHER (1952) das Verhalten einiger Wattdiatomeen in hypertonischen Lösungen. Besonderes Augenmerk richtete er auf die Formen der Gezeitenzone, die einer periodisch wiederkehrenden Plasmolyse ausgesetzt sind. Bei stufenweiser Erhöhung der Konzentration kann die Resistenz gesteigert werden (sonst wären ja in der Gezeitenzone keine Diatomeen lebensfähig). Auch gegenüber reinem Meerwasser ist das Verhalten der Wattdiatomeen durchaus nicht einheitlich (KARSTEN 1899). Salzpermeabilität und Plasmolyseresistenz können in verschiedener Weise zusammenwirken, wobei die eine oder die andere Eigenschaft wirksamer werden kann.

Zellphysiologische Versuche und Beobachtungen an Algen der Lagune von Venedig (HÖFLER, URL, Diskus 1956) sollten eine Vergleichsmöglichkeit mit Süßwasserdiatomeen bieten. Im Zuge dieser Experimente wurde die allgemeine Zuckerpermeabilität untersucht. Die pennaten Diatomeen der Küstenregion sind durch eine ziemlich allgemeine hohe Zuckerpermeabilität ausgezeichnet.

Zellstudien an der zentrischen Diatomee *Biddulphia titiana* (HÖFLER 1963) zeigen, daß diese Diatomee eine Plasmolyse sehr gut verträgt. Der Zellsaft ist fast isotonisch mit dem Meerwasser. Die Permeationskonstanten P' für Harnstoff und Traubenzucker verhalten sich dort wie 9:1.

Wurden die oben angeführten Versuche zumeist mit Algen von Salzstandorten ausgeführt, so arbeitete ÜBELEIS (1957) mit Diatomeen verschiedenster Standorte. Gegenüber Zucker weisen die in Harnstoff plasmolysierten Zellen nach einigen Tagen Schädigungen auf. Oftmals tritt während der Deplasmolyse Erstarrung auf, die pathologischen Charakter hat. Die Diatomeen sind durch eine hohe Wasserpermeabilität ausgezeichnet.

Es erschien nun als dankbare Aufgabe, im Laufe vergleichender Versuche die Frage zu klären, **ob hohe Zucker- und Salzdurchlässigkeit bei Diatomeen symbat gingen**. Vielleicht auch könnten es vom Gesichtspunkt der protoplasmatischen Ökologie aus die Halobionten im weitesten Sinn sein, die durch eine fakultativ hohe Permeabilität nicht nur für Kochsalz, sondern auch für Zucker und vielleicht auch für andere großmolekulare hydrophile Verbindungen, ausgezeichnet sind.

Aus dem ganzen weitreichenden Fragenkomplex soll im folgenden eine Auswahl behandelt werden. Einerseits die Permeabilität der Diatomeen für Kochsalz, in Standortswasser gelöst, und andererseits die Permeabilität für äquilibrierte Ionenlösungen, wie sie am besten in Seewasser vorliegen. Weiters war die Zuckerpermeabilität für die einzelnen Arten zu prüfen, und zwar womöglich im Parallelversuch Zucker- und Salzpermeabilität am gleichen Material. Drittens war die Resistenz der einzelnen Formen gegen Zucker- und Salzlösungen zu vergleichen. Denn nur wirklich salzresistente Formen werden ja für die Durchführung der vitalen Permeabilitätsprüfung nach der plasmometrischen Methode geeignet sein.

Erstmalig war dabei zu prüfen, ob Diatomeen der Alkaliwässer, wie sie im Salzlachengebiet am Neusiedler See vorliegen, auch gegen reine äquilibrierte Seewasserlösungen die gleiche Widerstandsfähigkeit zeigen, die sie bekannterweise gegen alkalische Salze besitzen.

Aus der reichen Diatomeenflora dieses Gebietes, wie sie uns durch HUSTEDTS klassische Arbeit (1959) bekannt ist, wurden nur ausgewählte Formen bearbeitet.

Ich habe Arten der Gattungen

Anomoeoneis
Nitzschia
Cymbella
Navicula

bevorzugt.

II. Material und Methodik

Das im Salzlachengebiet östlich des Neusiedler Sees gesammelte Material wurde in kleinen Fläschchen in das Pflanzenphysiologische Institut gebracht und hier im Kaltwasserbecken aufbewahrt. War das Material gesund und frisch, so hielt es sich bis zu drei Wochen in gutem Zustand. Bei sehr reichlich vorhandenem Material goß ich die Hälfte in flache Schalen und stellte diese zwischen Fenstern kühl. Da meistens aber das Material stark mit Oscillatorien vermischt war, erwies sich die Aufbewahrung in den Kaltwasserbecken des Pflanzenphysiologischen Instituts als günstiger, da die Proben hier nicht so stark dem Licht ausgesetzt waren und die Oscillatorien nicht so schnell in ihrer Entwicklung überhand nahmen.

Für die Versuche verwendete ich volumnormale Lösungen, die ich mit Standortswasser herstellte, da dieses in Lösungen weniger schädlich ist als dest. H_2O oder reines Leitungswasser. Nur Seewasser wurde mit destilliertem Wasser verdünnt.

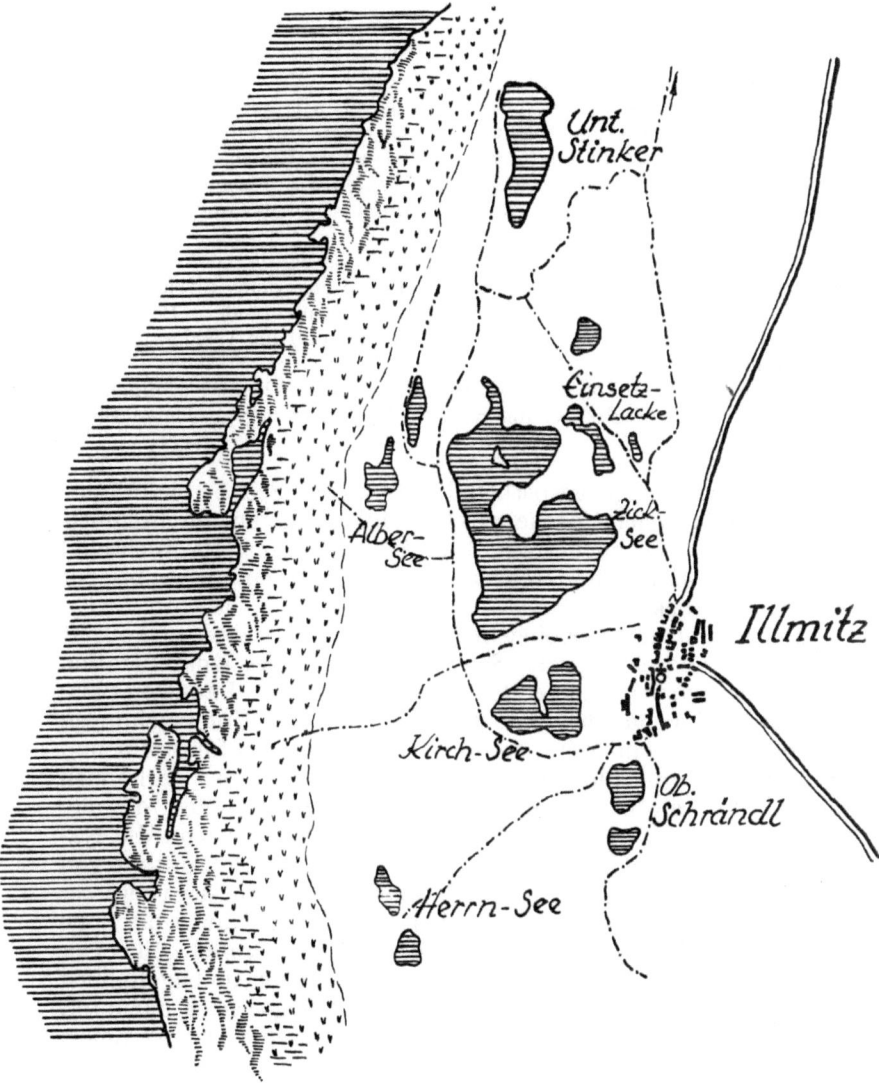

Abb. 1. Im skizzierten Gebiet wurden die untersuchten Diatomeen gesammelt (Kirch-See, Zick-See, Einsetz-Lacke, Illmitz).

Die Lösungen von Kochsalz und Traubenzucker bzw. die Lösungen von NaCl und CaCl$_2$, wobei letztere im Verhältnis 9:1 hergestellt wurden, waren in den Abstufungen 0,1 — 0,2 — 0,25 — 0,3 — 0,4 — 0,5 — 0,6 — 0,7 — 0,8 — 0,9 und 1,0 vorhanden.

Zur Herstellung der Präparate brachte ich einen Tropfen mit reichlichem Diatomeenmaterial auf den Objektträger und saugte mit Filterpapier gerade soviel Wasser ab, daß die Diatomeen noch vor dem Eintrocknen geschützt waren. Hierauf fügte ich einen großen Tropfen des Plasmolytikums zu, stoppte die Zeit, bedeckte das Präparat mit dem Deckglas und beobachtete sofort unter dem Mikroskop.

Nach den ersten Beobachtungen und Notizen wurde das Präparat mit Paraffinöl luftdicht abgeschlossen. Somit war es dem Plasmolytikum unmöglich, seine Konzentration durch Eintrocknen zu verändern. Beobachtet wurden der Eintritt der Plasmolyse, ihr Verlauf und die Wiederaufnahme der Bewegung.

Die in den Protokollen angegebene Minutenzahl bedeutet immer die Zeit vom Einlegen in die Lösung bis zum Zeitpunkt der jeweiligen Beobachtungen.

Das Salzlachengebiet östlich des Neusiedler Sees ist charakterisiert durch zahlreiche flache, seichte Mulden, deren durchschnittliche Tiefe 40—50 cm beträgt. Ihre Wasserführung ist wechselnd im Lauf des Jahres und reicht von Überschwemmungen bis zur völligen Austrocknung.

Der Chemismus der einzelnen Lachen und Gräben ist äußerst verschieden und zeigt große Schwankungen in der Konzentration und der Zusammensetzung der Salze bzw. Ionen. LEGLER (1939) und später LÖFFLER (1957) haben sehr ausführliche Untersuchungen über den Chemismus der einzelnen Lachen durchgeführt. Ca und Mg sind fast ausschließlich nur in geringen Mengen vorhanden (Ca max. 31,5 mg/l, Mg unter 100 mg/l), ebenso K-Ionen, die niemals 10% des Litergehaltes überschreiten. Dagegen sind die Na-Werte fast in allen Lachen recht hoch. Der hohe Prozentsatz von Na gegenüber Ca, Mg und K ist als Charakteristikum der Gewässer aufzufassen. In engem Zusammenhang damit steht auch die hohe Natrium-Alkalinität, die mit hohem p_H-Wert parallel geht. Der Chloridgehalt liegt in den Gewässern des Seewinkels im oligohalinen Bereich, also zwischen 0,1—1,0 g/l, teilweise sogar noch darunter.

Die vor den Protokollen angegebenen chemischen Daten erheben keinen Anspruch auf absolute Gültigkeit, da, wie oben erwähnt, die Werte jahreszeitlich großen Schwankungen unterworfen sind und sich die chemische Zusammensetzung verschieben kann.

Die Standorte, an denen die von mir untersuchten Diatomeen gesammelt wurden, sind aus der beigefügten Kartenskizze ersichtlich (Abb. 1).

III. Versuche

1. Material aus der Einsetz-Lacke bei Illmitz
Gesammelt am 4. 4. 1960

Chem. Daten vom	Dez. 1956	Nov. 1958	
Leitvermögen	6851	974	
Alkalinität	6,50	9,52	
$Ca^{..}$	31,5	55	mg/l
$Mg^{..}$	57	69	mg/l
$Na^{.}$	81	92	mg/l
$K^{.}$	7	7	mg/l
Cl^{-}	25	37	mg/l
SO_4^{--}	132	102	mg/l

(chem. Daten nach LÖFFLER 1957, vgl. auch HUSTEDT 1959).

Anomoeoneis sphaerophora

0,25 mol TRZ — Gleich nach dem Einlegen zeigt sich eine starke Plasmolyse, die aber nach 9 Minuten wieder zurückzugehen beginnt. Nach 12 Minuten ist die Deplasmolyse schon ziemlich weit fortgeschritten, jedoch nicht vollständig.

20 Minuten nach dem Hinzufügen des Plasmolytikums ist bei *Anomoeoneis* die Deplasmolyse vollständig, die kleinen *Naviculen* bewegen sich bereits und auch die *Nitzschien* beginnen vereinzelt mit den Bewegungen. Nach 24 Minuten sind alle Zellen des Präparats wieder in lebhafter Bewegung.

0,3 mol TRZ — Die Plasmolyse ist schon ziemlich stark sichtbar und verstärkt sich in den folgenden Minuten noch. Nach 8—11 Minuten ist der Protoplast schön abgerundet. Die Deplasmolyse beginnt. Nach 45 Minuten ist die Deplasmolyse bereits vollendet und nach 50 Minuten befinden sich viele Zellen wieder in Bewegung.

2. Material aus der Seegasse in Illmitz, Graben längs der Straße
Gesammelt am 26. 11. 1960

Von diesem Standort liegt keine Analyse vor.
Besonders beobachtet: *Anomoeoneis sphaerophora*.

a) Versuchslösung: Traubenzucker in 10fach verdünntem Standortswasser.

0,2 mol TRZ — Gleich nach dem Einlegen alles unbeweglich. Jedoch nach 6 Minuten beginnen wieder die Bewegungen.

Die erste große *Anomoeoneis*-Zelle beginnt nach 13 Minuten mit ihren zuckenden Bewegungen. Nach 20 Minuten folgt die zweite usf.

Weder die *Anomoeoneis*-Zellen noch die anderen in diesem Material vorhandenen Diatomeen zeigten bei dieser Konzentration eine Plasmolyse.

0,3 mol TRZ — Bereits nach wenigen Sekunden deutliche Plasmolyse.

Nach 19 Minuten beginnen die *Anomoeoneis*-Zellen bereits wieder mit der Ausdehnung der Protoplasten. Die kleineren in diesem Material vorhandenen Diatomeen bewegen sich wieder lebhaft.

Nach 33 Minuten ist die Deplasmolyse bei den *Anomoeoneis*-Zellen vollendet und nach 36 Minuten finden wir die erste wieder in Bewegung. 45 Minuten nach dem Einlegen in diese Konzentration befinden sich die meisten Diatomeen wieder in lebhafter normaler Bewegung.

b) Versuchslösung: Seewasser mit Aqua dest. verdünnt.

0,2 Seew. — Nach 2 Minuten sind die *Anomoeoneis*-Zellen bereits unbeweglich. Die kleinen *Nitzschien* jedoch sind unverändert lebhaft in Bewegung.

Auch nach 11 Minuten ist bei den *Anomoeoneis*-Zellen noch immer keine Abhebung zu bemerken.

18 Minuten nach dem Einlegen in diese Lösung beginnt die erste *Anomoeoneis* mit ihren Bewegungen. Eine halbe Stunde später ist alles wieder in lebhafter Bewegung.

0,25 Seew. — Nach 2—3 Minuten zeigt sich bereits eine deutliche Plasmolyse, die sich in den folgenden Minuten noch verstärkt.

Nach 8 Minuten ist der Protoplast schon abgerundet und der Rückgang der Plasmolyse beginnt.

11 Minuten nach dem Hinzufügen der Konzentration ist die Deplasmolyse fast vollständig und nach 14 Minuten bewegt sich die erste *Nitzschia* wieder. Nach 7 Minuten folgt die erste *Anomoeoneis*-Zelle. Eine Stunde nach dem Einlegen sind die meisten Zellen wieder in lebhafter, normaler Bewegung.

0,3 Seew. — Bereits nach 1—2 Minuten auch hier schon starke Plasmolyse, die in den folgenden Minuten an Stärke zunimmt.

Nach 11 Minuten beginnt die Deplasmolyse und ist nach 15 Minuten vollendet. 33 Minuten nach dem Hinzufügen der Lösung ist die erste *Anomoeoneis*-Zelle schon wieder in Bewegung, es folgen in der nächsten Zeit dann eine nach der anderen. Nach 40 Minuten ist alles wieder in lebhafter Bewegung wie vor der Behandlung mit dem Plasmolytikum. Auch die *Nitzschien* zeigen keine Beeinträchtigung der Bewegung mehr.

3. Material aus Illmitz, Graben in der Seegasse
Gesammelt am 26. 11. 1960

Es liegt keine Analyse vor.

Vorkommende Arten:
        Anomoeoneis sphaerophora
        Nitzschia apiculata
        Nitzschia hybrida
        Nitschia hungarica
        Nitzschia amphibia
        Nitzschia commutata
        Nitzschia stagnorum
        Navicula minima

In erster Linie wurde *Anomoeoneis sphaerophora* beobachtet.

Bei einer Konzentration von 0,1 mol TRZ zeigte sich keine Beeinträchtigung der Bewegungen.

0,2 mol TRZ — Die Zellen zeigen zwar noch keine Plasmolyse, jedoch sind alle Diatomeen bewegungslos.

Die erste *Anomoeoneis* beginnt nach 13 Minuten wieder mit ihren Bewegungen.

Nach weiteren 15 Minuten sind die meisten Diatomeen wieder in lebhafter Bewegung.

0,3 TRZ — Wenige Minuten nach dem Einlegen in das Plasmolytikum zeigt sich in der Gürtelbandansicht schon deutliche Plasmolyse.

11 Minuten nach dem Einlegen in die Konzentration ist der Protoplast der beobachteten Zellen schön abgerundet.

Nach 19 Minuten beginnt die Deplasmolyse und ist nach 30 Minuten vollendet.

1 Minute nach dem Plasmolyserückgang befindet sich die erste Zelle schon wieder in Bewegung.

40 Minuten nach dem Hinzufügen des Plasmolytikums beginnen bereits mehrere Diatomeen mit ihrer Eigenbewegung.

0,25 mol TRZ — Nach 3 Minuten beginnende Abhebung von der Zellwand, besonders an den Breitseiten.

Deutlicher ist die Plasmolyse in der Gürtelbandansicht.

Nach 8 Minuten geht die Abhebung an den Breitseiten zurück und es erfolgt dafür die Abkugelung des Protoplasten.

Nach 25 Minuten beginnt die Deplasmolyse und nach 30 Minuten befindet sich schon die erste *Anomoeoneis*-Zelle in Bewegung.

Kurz darauf folgen dann die anderen Diatomeen. Auch am nächsten Tag ist das Material noch durchaus lebensfähig.

4. Material aus dem Graben bei Illmitz
Gesammelt am 10. 7. 1960

Von diesem Standort liegt keine Analyse vor.

Versuche mit *Amonoeoneis sphaerophora*.

a) Seewasser mit aqua dest. verdünnt.

0,1 Seew. — Unmittelbar nach dem Einlegen in die Lösung stellen die Zellen ihre Bewegung ein, jedoch ist keine Plasmolyse zu bemerken.

Nach 3 Minuten fängt die erste Diatomee mit der Bewegung an und nach 5 Minuten herrscht wieder die normale Bewegung wie vorher.

0,2 Seew. — Auch bei dieser Konzentration erfolgt noch keine Abhebung des Plasmaschlauches von der Zellwand.

Nach 5—8 Minuten beginnen vereinzelte Zellen bereits mit ihrer Bewegung. 10 Minuten später ist alles lebhaft wie früher.

0,25 Seew. — Bei dieser Konzentration tritt schon eine deutlich sichtbare Plasmolyse auf, die sich in den folgenden Minuten noch verstärkt.

10 Minuten nach dem Hinzufügen des verdünnten Seewassers ist die Deplasmolyse vollendet und nach 21 Minuten befindet sich die erste *Anomoeoneis*-Zelle schon in geradliniger Bewegung.

0,3 Seew. — Nach 3 Minuten tritt leichte Plasmolyse auf, beginnt aber nach kurzer Zeit — 5 Minuten — bereits wieder zurückzugehen.

Die Zellen beginnen wieder mit ihren zuckenden Bewegungen und diese ist bald darauf lebhaft wie früher.

0,4 Seew. — Die Plasmolyse ist schon ziemlich stark, die Protoplasten sind teilweise schön abgekugelt.

Nach 20 Minuten beginnt bereits bei den meisten *Anomoeoneis*-Zellen die Deplasmolyse. Nach 35 Minuten vollständige Deplasmolyse. Nach 42 Minuten befindet sich die erste Zelle schon in normaler Bewegung. Die anderen folgen eine nach der anderen.

5. Material aus der Runden Lacke bei Illmitz
Gesammelt Juli 1959

Chem. Daten vom Nov. 1958 (Hustedt 1959).

Leitvermögen	4840	$Na^{\cdot}$	1334 mg/l
Alkalinität	35,20	$K^{\cdot}$	35 mg/l
$Ca^{\cdot\cdot}$	8 mg/l	Cl^{-}	304 mg/l
$Mg^{\cdot\cdot}$	13 mg/l	SO_4^{--}	796 mg/l

Vorhandenes Material: Anomoeoneis sphaerophora
Anomoeoneis polygramma

a) Versuche mit NaCl, in Standortswasser gelöst.

0,15 mol NaCl — Ganz schwache Plasmolyse bei beiden Arten, doch in der Gürtelbandansicht deutlich sichtbar.

Nach 7 Minuten ist die Deplasmolyse bereits vollendet, nur bei vereinzelten Zellen sind noch Abhebungen zu bemerken, allerdings nur ganz schwach. Nach 8 Minuten ist bei allen Zellen die Deplasmolyse vollständig und einzelne Diatomeen beginnen schon mit ihren zuckenden Bewegungen.

13 Minuten nach dem Einlegen in das Plasmolytikum befinden sich *A. polygramma* und *A. sphaerophora* in normaler Bewegung.

0,2 mol NaCl — Nach 8 Minuten ist bei *A. sphaerophora* die Plasmolyse schon fast ganz zurückgegangen.

Weitere 3 Minuten später ist die Deplasmolyse vollkommen, jedoch konnte ich erst nach weiteren 6 Minuten die ersten Bewegungen beobachten.

Anomoeoneis sculpta zeigte in diesem Material noch immer keine Bewegungen.

0,3 mol NaCl — Bei dieser Konzentration tritt schon ziemlich starke Plasmolyse auf, die aber nach 21 Minuten bereits wieder zurückgegangen ist.

Die ersten Bewegungen beginnen nach 25 Minuten.

Die Präparate wurden auch noch am nächsten Tag beobachtet, und das Material war noch immer in lebhafter Bewegung ohne irgendwelche sichtbare Schädigungen.

b) Versuche mit KCl, in Standortswasser gelöst.

0,2 mol KCl — Schon nach kurzer Zeit zeigt sich bei den Zellen eine deutliche, wenn auch nur schwache Plasmolyse. Diese nimmt in den folgenden Minuten noch an Stärke zu. In dem Material finden sich auch einige Zellen, die nicht plasmolysiert sind.

Nach 21 Minuten sind die Abhebungen von der Zellwand fast ganz zurückgegangen.

28 Minuten nach dem Hinzufügen des Plasmolytikums beginnt die erste *Anomoeoneis sphaerophora* mit ihren Bewegungen.

Einige Minuten später folgen die *A. polygramma*-Zellen.

0,3 mol KCl — Bei den einzelnen Diatomeen des Präparates findet man verschieden starke Plasmolysegrade, auch ist die Abrundung des Protoplasten an den beiden Enden einer Zelle nicht immer gleich stark ausgeprägt. Manche Diatomeen weisen überhaupt keine Plasmaabhebungen auf.

Nach 34 Minuten sind einzelne Zellen des Präparates bereits deplasmolysiert und nach weiteren 19 Minuten zeigen vereinzelte *A. sphaerophora*-Zellen schon Bewegungen, während *A. sculpta* und *A. polygramma* erst nach weiteren 5 Minuten ihre Bewegungen wieder aufnehmen.

6. Material aus der Runden Lacke bei Illmitz
Gesammelt am 23. 4. 1960

Chem. Daten nach Hustedt (1959): siehe Protokoll Nr. 5.

Besonders reichlich vorhanden:
Anomoeoneis sphaerophora
Anomoeoneis polygramma

0,15 mol NaCl — Nach 3 Minuten schon beginnende Plasmolyse, doch nur sehr schwach, es erfolgt gleich die Abkugelung des Protoplasten. Besonders deutlich in der Gürtelbandansicht. Nach 15 Minuten beginnt bereits bei den beobachteten Zellen der Plasmolyserückgang.

Allerdings erfolgt die Deplasmolyse bei *A. polygramma* bedeutend früher und rascher als bei *A. sphaerophora*.

Nach 32 Minuten ist die Deplasmolyse bei beiden Arten schon vollständig. Die Zellen sind jedoch noch immer unbeweglich.

Nach 35 Minuten beginnende Bewegung bei *A. sphaerophora* und *A. polygramma*.

0,2 mol NaCl — Bereits nach 2 Minuten Plasmolyse, die bald zu einer Abkugelung des Protoplasten führt.

Nach 21 Minuten beginnt die Deplasmolyse und ist nach 38 Minuten vollendet.

Einzelne Zellen nehmen nach weiteren 5 Minuten ihre Bewegungen auf und es folgen die anderen bald nach.

7. Material aus dem Graben bei Illmitz
Gesammelt am 30. 7. 1960

Es liegen keine Analysen vor.

Vorkommende Arten:
Navicula cuspidata
Navicula hungarica
Nitzschia hungarica
Nitzschia commutata
Surirella ovata, var. pinnata
Cymbella pusilla
Anomoeoneis polygramma
Anomoeoneis sphaerophora

a) Seewasserpermeabilität.

Seewasser mit aqua dest. verdünnt.

Besonders beobachtet wurden bei dieser Versuchsreihe die Arten *Anomoeoneis polygramma* und *A. sphaerophora*.

Bei einer Konzentration von 0,1 Seew. erfolgt keine Plasmaabhebung von der Zellwand und auch keine Beeinträchtigung der Bewegung.

0,2 Seew. — Die Zellen sind unbeweglich und ganz leicht plasmolysiert. Besonders deutlich ist die Plasmolyse in der Gürtelbandansicht.

Anomoeoneis polygramma beginnt erst nach 23 Minuten mit ihren Bewegungen.

0,3 Seew. — Bald nach dem Hinzufügen der Lösung ist bei *A. polygramma* schon deutliche Plasmolyse zu bemerken, diese beginnt aber nach 8 Minuten wieder zurückzugehen.

Nach 13 Minuten ist die Deplasmolyse vollständig, die Zellen befinden sich noch in Ruhe. Erst nach 28 Minuten gleitet die erste Zelle in gerader Richtung davon, während bei *Anomoeoneis sphaerophora* die Bewegung schon nach 21 Minuten eintritt.

0,25 Seew. — Bald nach dem Hinzufügen der Konzentration ganz schwache Abhebung an den Enden beobachtet, besonders deutliche Plasmolyse in der Gürtelbandansicht. Alle Zellen sind unbeweglich.

Nach 15 Minuten sind kleine *Nitzschien* und *Naviculae* bereits wieder in Bewegung und der Protoplast der *Anomoeoneis*-Zellen ist schön abgekugelt.

20—25 Minuten nach dem Einlegen in das Plasmolytikum beginnen die ersten *Anomoeoneis*-Zellen wieder mit ihren Bewegungen.

0,4 Seew. — Bald nachher schon deutliche und starke Abhebung an den Längsseiten zu beobachten.

Nach 10 Minuten beginnt die Plasmolyse zurückzugehen und nach 25 Minuten ist die Deplasmolyse vollendet. 10 Minuten später beginnen einige Zellen mit den Bewegungen.

Auch am nächsten Tag sind alle Zellen noch immer in lebhafter Bewegung.

8. Material aus der Runden Lacke
Gesammelt am 30. 7. 1960

Chem. Daten bei Protokoll Nr. 5.

In besonders großen Mengen waren die Arten *Anomoeoneis sphaerophora* und *A. polygramma* vertreten.

a) Seewasserpermeabilität.

In einer Lösung von 0,1 Seew. sind die Zellen zwar nicht plasmolysiert, jedoch in Ruhe.

Erst nach 5 Minuten und noch etwas später beginnen sich die Diatomeen wieder geradlinig fortzubewegen.

0,2 Seew. — Noch immer keine Abhebung des Protoplasten zu bemerken, doch befinden sich alle Diatomeen in Ruhe.

Nach 5—8 Minuten setzt die normale Bewegung wieder ein und ist nach 15 Minuten lebhaft wie früher.

0,3 Seew. — Nach 2—3 Minuten ist eine schwache Abhebung des Protoplasten von der Zellwand zu bemerken, die besonders deutlich in der Gürtelbandansicht zu sehen ist.

5 Minuten später sind die *Anomoeoneis*-Zellen schon im Deplasmolysestadium und nach weiteren 10 Minuten in normaler Bewegung.

0,35 Seew. — Die Abhebungen in der Gürtelbandansicht sind bei dieser Konzentration schon ziemlich deutlich. Nach 11 Minuten ist die Deplasmolyse vollendet und nach 24 Minuten beginnen die zuckenden Bewegungen und daran anschließend die normale Fortbewegung, allerdings nur bei vereinzelten Zellen.

Nach 63 Minuten sind die meisten Zellen wieder in Bewegung.

0,4 Seew. — Bereits starke Plasmolyse, jedoch erfolgt bei vielen Diatomeen nach 19 Minuten wieder der Rückgang der Plasmolyse.

b) Traubenzuckerpermeabilität.

Traubenzucker in 10fach verdünntem Standortswasser gelöst.

0,2 mol TRZ — Die Zellen sind allgemein unplasmolysiert, aber unbeweglich. Nur bei vereinzelten Zellen ist der Protoplast an einem Ende abgehoben. Nach 17 Minuten ist die erste Diatomeenzelle wieder in Bewegung, nach 40 Minuten alle übrigen.

0,3 mol TRZ — Nach 2 Minuten sind die Diatomeen erst schwach plasmolysiert. 21 Minuten nach dem Hinzufügen der Lösung beginnt die Deplasmolyse, die ziemlich rasch fortschreitet.

Nach 60 Minuten sind die Zellen schon wieder in Bewegung, doch nur wenige.

0,35 mol TRZ — Nach wenigen Minuten ist bei *Anomoeoneis polygramma* in der Gürtelbandansicht eine deutliche Einbuchtung zu beobachten.

Nach 10 Minuten beginnt die Deplasmolyse, die nach 36 Minuten bereits vollendet ist. Die Diatomeen sind aber noch in Ruhe.

40—44 Minuten nach dem Hinzufügen der Lösung beginnt bei *A. polygramma* die Bewegung. Bei *A. sphaerophora* etwas früher, nämlich nach 35—40 Minuten.

Nach 45 Minuten sind alle Zellen in dem Präparat wieder in lebhafter Bewegung.

0,4 mol TRZ — Der Protoplast kugelt sich vorbildlich schön ab und dehnt sich nach 25 Minuten wieder aus. Nach weiteren 38 Minuten ist *A. sphaerophora* wieder in Bewegung, *A. polygramma* erst nach weiteren 10 Minuten.

9. Material aus dem Graben in der Seegasse in Illmitz knapp vor seiner Einmündung in den Kirch-See
Gesammelt am 15. 11. 1961
p_H 8,25

Von diesem Standort liegen keine chemischen Daten vor.

Vorhandenes Material:
- Anomoeoneis sphaerophora
- Nitzschia hungarica
- Surirella ovata

Die Versuche wurden mit Seewasser, verdünnt mit destilliertem Wasser durchgeführt.

Traubenzucker wurde in Standortswasser gelöst.

Lösungen aus NaCl und $CaCl_2$ im Verhältnis 9:1.

a) In einer Konzentration von 0,1 mol TRZ wird die Bewegungsfähigkeit der *Anomoeoneis*-Zellen nicht im geringsten beeinträchtigt. Auch *Nitzschia hungarica* ist unvermindert lebhaft in Bewegung.

0,2 mol TRZ — Auch hier in dieser Konzentration keine Plasmolyseerscheinungen, die Bewegung hört nicht auf, sie wird nur etwas verlangsamt. Aber nach 10—14 Minuten sind die *Anomoeoneis*-Zellen und die *Nitzschien* unvermindert lebhaft in Bewegung.

0,3 mol TRZ — Kurz nach dem Einlegen in die Lösung ist alles unbeweglich.

Bei vereinzelten Zellen findet sich eine leichte seitliche Abhebung, die in der Gürtelbandansicht besonders deutlich sichtbar ist.

Nach 9 Minuten vollständige Deplasmolyse und nach weiteren 10 Minuten befinden sich die *Nitzschien* bereits wieder in lebhafter Bewegung.

Die *Anomoeoneis*-Zellen sind allerdings noch immer in Ruhe.

b)
0,1 Seew. — Bei dieser Konzentration erfolgt keine Beeinträchtigung der Bewegung. *Nitzschien* und *Anomoeoneis* unverändert in Bewegung.

0,2 Seew. — Die *Anomoeoneis* sind alle in Ruhe, zeigen aber nur ganz schwache Plasmolyse. *Nitzschien* alle in Bewegung.

Nach wenigen Minuten (4—6) ist keine Abhebung bei den Diatomeen mehr zu bemerken und nach weiteren 5 Minuten beginnen einzelne Diatomeen wieder mit ihren Bewegungen.

0,3 Seew. — Sofort nach dem Hinzufügen der Lösung befinden sich alle Diatomeen in Ruhe.

Bei *Anomoeoneis* sind ganz schwache seitliche Abhebungen zu bemerken, die bald darauf zu einer schönen Abkugelung des Protoplasten führen.

Nicht alle Zellen sind jedoch gleichmäßig stark plasmolysiert, bei manchen ist überhaupt keine Plasmolyse zu bemerken, andere wiederum weisen eine fast krampfige Abhebung des Protoplasmas auf.

Nach 6 Minuten beginnt bei den normal plasmolysierten Diatomeen die Deplasmolyse und ist nach 8—10 Minuten schon vollendet. Nach 15 Minuten bewegen sich die *Nitzschien* bereits wieder, die *Anomoeoneis*-Zellen sind allerdings noch immer in Ruhe.

Nach ungefähr 24 Minuten beginnen dann endlich auch diese Diatomeen wieder mit ihren Bewegungen.

c)
0,2 mol NaCl-CaCl$_2$ — in dieser Lösung tritt schon bei verhältnismäßig geringer Konzentration eine ziemlich starke Plasmolyse ein, sogar die bedeutend resistenteren *Nitzschien* befinden sich in Ruhe und bei den *Anomoeoneis*-Zellen ist die Plasmolyse ziemlich stark. Die *Anomoeoneis*-Zellen sind auch hier nicht alle gleich stark plasmolysiert.

Nach 6 Minuten beginnt bei *Anomoeoneis* bereits die Plasmolyse wieder zurückzugehen und auch die *Nitzschien* bewegen sich wieder.

Nach 14—20 Minuten sind alle *Anomoeoneis*-Zellen schon deplasmolysiert, aber erst nach 76 Minuten befinden sie sich wieder in Bewegung.

0,3 mol NaCl-CaCl$_2$ — Sofort nach dem Hinzufügen der Lösung ist alles in Ruhe und auch ziemlich stark plasmolysiert. In den folgenden 5 Minuten nimmt die Plasmolyse noch an Stärke zu, und die Protoplasten runden sich schön ab.

Nach 13 Minuten beginnt die Deplasmolyse und vereinzelte *Nitzschien* bewegen sich auch schon.

Nach 25—40 Minuten ist alles wieder in lebhaftester Bewegung, mit Ausnahme der *Anomoeoneis*-Zellen, die noch immer, teilweise sogar sehr stark, plasmolysiert sind.

10. Material vom Kirch-See bei Illmitz
Gesammelt am 23. 5. 1961

pH 8,75

(Daten nach LÖFFLER 1957)

Leitvermögen	3290	Na$^{\cdot}$	1152
Alkalinität	12	K$^{\cdot}$	70
Ca$^{\cdot\cdot}$	5,5	Cl$^-$	466
Mg$^{\cdot\cdot}$	19,5	SO$_4^{--}$	1365

a) Traubenzucker in Standortswasser gelöst.

0,1 mol TRZ — Keine Beeinträchtigung der Bewegung bei den *Nitzschien*-Arten, nur bei *Anomoeoneis*-Zellen ist die Bewegung etwas verlangsamt. Keine Plasmolyse.

Nach 5 Minuten beginnen einige *Anomoeoneis*-Zellen schon wieder mit ihren Bewegungen. Nach 9 Minuten bereits wieder lebhafte Bewegungen.

0,2 mol TRZ — Beginnende Plasmolyse, die besonders in Gürtelbandansicht deutlich wird. In der Schalenansicht nur ganz schwache seitliche Abhebungen.

Nach 4 Minuten haben sich die Abhebungen noch etwas verstärkt, doch kommt es bei dieser relativ schwachen Konzentration noch zu keiner Abkugelung des Protoplasten. Es sind nicht alle Zellen plasmolysiert.

Nach 9 Minuten beginnt die Plasmolyse bei den *Anomoeoneis*-Zellen schon zurückzugehen, und nach 13 Minuten ist die Deplasmolyse vollständig.

Nach 18 Minuten sind die meisten Zellen wieder in unvermindert lebhafter Bewegung.

0,3 mol TRZ — Bei dieser Konzentration des Plasmolytikums schon deutliche Abhebungen, aber nur bei wenigen Diatomeen kommt es zu einer Abkugelung des Protoplasten.

Nach 12 Minuten sind schon mehrere Zellen mit schön abgekugelten Protoplasten und die Deplasmolyse beginnt. Nach 22 Minuten bei den meisten Diatomeen schon vollständige Deplasmolyse und nach weiteren 8 Minuten beginnt die erste Zelle mit ihren Bewegungen. Nach 34 Minuten sind die meisten Diatomeen wieder in Bewegung, nur vereinzelte Zellen zeigen noch immer stark krampfige Plasmolyse. Diese sind aber wahrscheinlich geschädigt.

b) Seewasser mit Standortswasser verdünnt.

0,2 Seew. — Keine Beeinträchtigung der Bewegung. Eventuelle Verlangsamung der Bewegung bei den *Anomoeoneis*-Zellen.

0,2 Seew. — *Anomoeoneis* plasmolysiert. Sehr schwache seitliche Abhebungen.

Nach 7 Minuten sind diese Abhebungen aber wieder verschwunden und die Zellen in zuckender Bewegung.

Nach 10 Minuten alles wieder in normaler Kriechbewegung.

0,3 Seew. — Starke Abhebung an den Breitseiten der *Anomoeoneis*-Zellen, besonders deutlich in der Gürtelbandansicht. Nach 6 Minuten ist die Deplasmolyse noch nicht eingetreten, die Abhebungen haben sich aber auch nicht verstärkt.

Nach 8 Minuten sind die *Nitzschien* zu einem Großteil wieder in Bewegung. und bei den *Anomoeoneis*-Zellen beginnt die Deplasmolyse.

Nach 14 Minuten ist die Deplasmolyse vollständig, und nach 21 Minuten sind die meisten Zellen des Präparates wieder in lebhafter Bewegung.

Wie schon HÖFLER und LEGLER (1940) beschrieben haben, ist *Anomoeoneis sphaerophora* als die resistenteste unter den *Anomoeoneis*-Arten anzusprechen. Leider ist die Form klein und die Plasmolyse läßt sich weniger gut beobachten, da die Abhebung von den Flächen erfolgt und die Plasmolyse nur gut in der Gürtelbandansicht zu beobachten ist. Diese ist sehr schmal, die Zellen liegen meist in der Schalenansicht, und hier ist erst bei starker Plasmolyse eine Abhebung in den Ecken zu sehen. Oftmals ist daher bei 0,2 mol Lösungen noch keine Plasmolyse zu bemerken, obwohl die Zellen sich in Ruhe befinden. Auch die vollständige Deplasmolyse ist nicht mit Sicherheit zu einem bestimmten Zeitpunkt anzugeben.

CHOLNOKY (1928) schreibt: „Die Plasmolyse dauert aber durchaus nicht an, nur etwa 10—20 Minuten, dann hat sich der Gleichgewichtszustand von selbst wieder hergestellt." Diese schnelle Herstellung des Gleichgewichtes zwischen Vakuolen und äußerer Flüssigkeit deutet unbedingt auf ein gesteigertes Anpassungsvermögen der A.-Individuen gegenüber den Konzentrationsschwankungen, also auf ein ziemlich permeables Plasma hin, das sehr gut zu der weiten Verbreitung der Art paßt.

Mittlere Konzentrationen von 0,3 und 0,4 mol NaCl ertragen die Zellen noch ohne Schädigungen, bei stärker hypertonischen Lösungen bleiben die Zellen in Ruhe. Die anderen Arten der Gattung *Anomoeoneis* zeigen sich NaCl gegenüber weniger resistent als *A. sphaerophora*. Besonders *A. sculpta* zeigt bei relativ niedrigen Konzentrationen schon eine Schädigung des Protoplasten. Lösungen von Kochsalz, die im Verhältnis 9:1 mit $CaCl_2$ gemischt sind, rufen bei *A. sphaerophora* schon bei kleinen Konzentrationen starke

Schädigungen hervor. Eine 0,3 molare Lösung bewirkt schon Krampfplasmolyse, die nicht mehr zurückgeht.

Ungleich resistenter sind die Anomoeoneis-Arten gegen Seewasserverdünnungen. Oftmals tritt bei 0,1 Seew. nicht einmal eine Beeinträchtigung der Bewegung auf. Im Gegensatz dazu ist bei 0,1 mol NaCl oder 0,1 mol TRZ schon alles in Ruhe. Die Deplasmolyse erfolgt viel schneller, und die Zeit bis zur Wiederaufnahme der Bewegung ist bei Seewasserverdünnungen bedeutend kürzer als bei NaCl-Lösungen. Die Zusammensetzung des Meerwassers entspricht vielleicht mehr dem Chemismus der Lachen als die reine Kochsalzlösung. Am schädigendsten auf das Plasma wirken TRZ-Lösungen. CHOLNOKY (1928) schreibt schon darüber: ,,Die zumeist unter dem Deckglas eingesaugten Lösungen wirken aber in mancher Hinsicht von den bisher gesehenen Fällen abweichend. Diese Abweichung kann ich nur durch den Unterschied in der Wirkungsweise der zwei Plasmolytika erklären. Die sozusagen natürliche Plasmolyse durch Eintrocknen übt ihre Wirkung allmählich aus, die eindringende Zuckerlösung wirkt aber ganz plötzlich, und dementsprechend waren die Wirkungen auch viel tiefgreifender, viel gewaltsamer." Obgleich CHONOKY unter einer natürlichen Plasmolyse, die Plasmolyse durch Eintrocknen versteht, könnte man vielleicht auch die Plasmolyse durch Salzlösungen und Seewasserverdünnungen dazurechnen. Der Protoplast ist nicht einem ,,ungewohnten" Medium so gänzlich unvorbereitet ausgesetzt.

Auch gegen TRZ-Lösungen ist *A. spaerophora* sehr resistent. 0,4 mol TRZ bewirkt noch keine Schädigung des Protoplasten; die Zellen sind auch am nächsten Tag noch in lebhafter Bewegung. *A. polygramma* war nicht durch so hohe Resistenz ausgezeichnet. Die Plasmolyse tritt nur unwesentlich später ein, allerdings in stärkerem Maß, und die Dauer der Deplasmolysezeit ist viel länger. Besonders auffällig wird das bei höheren Konzentrationen.

Bei versuchsweiser diagrammatischer Darstellung zeigt sich eine deutliche jahreszeitliche Verschiebung der osmotischen Werte. Die Resistenzschwelle und damit verbunden auch die osmotischen Werte schwanken im Ablauf eines Jahres ziemlich stark. Besonders auffällig wird das bei den im TRZ-Versuch gewonnenen Daten. Dazu im Gegensatz stehen die im Seewasser-Versuch ermittelten Werte, bei denen keine jahreszeitlichen Schwankungen gegeben sind.

Das im Herbst und Winter gesammelte Material beginnt bedeutend früher mit der Wiederaufnahme der Bewegung, als im Sommer oder Frühjahr gesammeltes Material. Auch ÜBELEIS (1957) beobachtet dies schon bei den Diatomeen.

Die Werte auf der Ordinate bedeuten die verwendeten Konzentrationen, auf der Abszisse wurde die Zeit aufgetragen. Der Beginn des Striches stellt den Zeitpunkt der vollendeten Deplasmolyse dar, das Ende der Linie den Zeitpunkt der Wiederaufnahme der Bewegung.

11. Versuche mit dem Material aus dem Kirch-See bei Illmitz
Gesammelt am 4. 7. 1961

Analyse nach LÖFFLER (1957): siehe Protokoll Nr. 10.

Sehr wenig Wasser vorhanden. Nur unter den Grashorsten ein dünner Belag von Diatomeen, reichlich vermischt mit Oscillatorien.

p_H des Standortswassers 8,45

Vorhandene Arten:
Nitzschia hungarica
Nitzschia apiculata
Navicula cuspidata, var. ambigua
Surirella ovata, var. salina
Anomoeoneis sphaerophora
Pinnularia microstauron, var. Brebissonii

Davon wurde als Versuchsobjekt *Nitzschia hungarica* verwendet.

Traubenzucker und Kochsalz wurden in Standortswasser gelöst und in den Konzentrationen 0,1—0,5 mol verwendet. Seewasserlösungen von 0,1—0,6 wurden aus echtem Meereswasser, verdünnt mit aqua dest., hergestellt.

a) Zuckerpermeabilität

Traubenzucker in Standortswasser gelöst.

Bei einer Konzentration von 0,1 mol TRZ erfolgt überhaupt keine Beeinträchtigung der Bewegungen, auch keine Verminderung der Schnelligkeit.

0,2 mol — Nach 3 Minuten bewegen sich nur mehr wenige Zellen und auch diese viel langsamer als normal. Doch bereits nach 5 Minuten sind die Zellen wieder lebhaft wie früher in Bewegung.

0,3 mol — Schon bald nach dem Einlegen in diese Konzentration sind alle Zellen in Ruhe. Erst nach 6—9 Minuten beginnen einzelne Zellen wieder mit ihren Bewegungen.

Nach 10—12 Minuten herrscht wieder die lebhafteste Bewegung, jedoch beginnen die Zellen nur langsam und zögernd eine nach der anderen mit ihren Bewegungen.

0,4 mol — Unmittelbar nach dem Hinzufügen der Lösung sind alle *Nitzschien* in Ruhe. Eine deutliche Plasmolyse ist bei den ziemlich schmalen Zellen nicht mit Sicherheit festzustellen. Die Beobachtungen bleiben daher auf die Wiederaufnahme der Bewegung beschränkt. Nach 14—16 Minuten fangen die Bewegungen bei vereinzelten Zellen wieder an.

Nach 22—30 Minuten wieder lebhafte Bewegung.

0,45 mol — Bei dieser Konzentration erfolgt selbst nach langer Zeit (70 Minuten) keine Wiederaufnahme der Bewegung mehr.

Bei einer Konzentration von 0,5 mol TRZ ist nach dem Einlegen alles in Ruhe und die Diatomeen verharren auch in diesem Zustand.

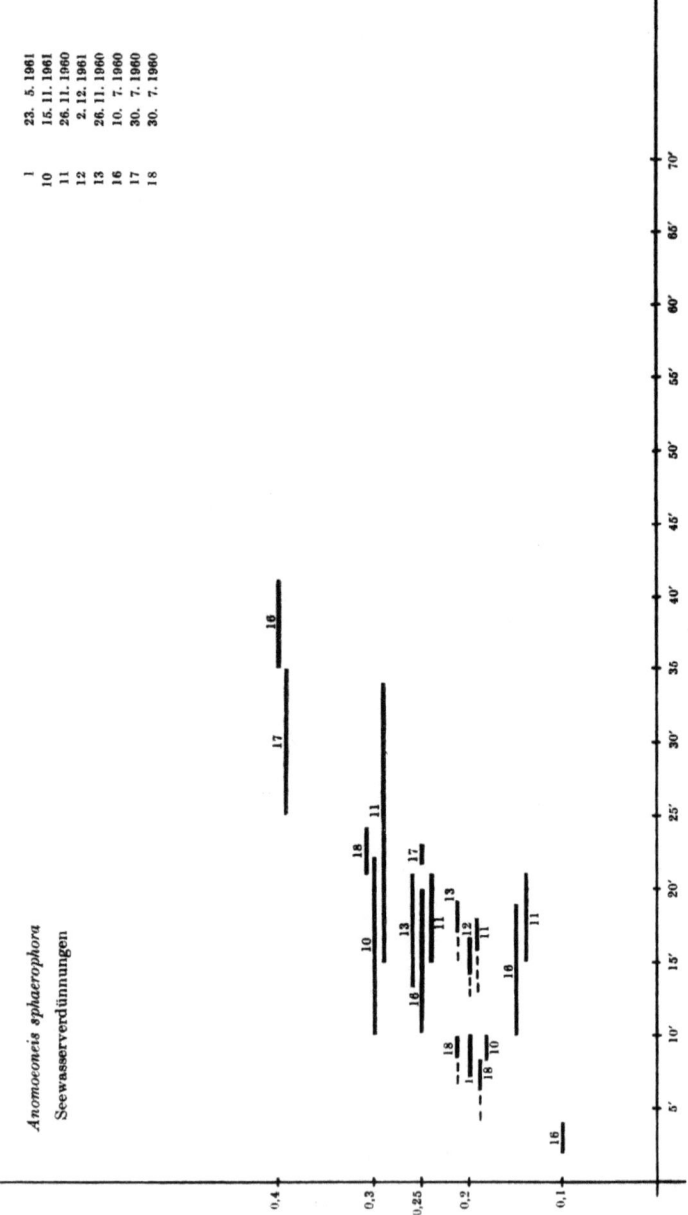

Abb. 2. Zeitdifferenzen zwischen Vollendung der Deplasmolyse und Wiederaufnahme der Bewegung. Anomooconeis sphaerophora, plasmolysiert in Seewasser.

Zur Permeabilität und Salzresistenz einiger Diatomeen usw. 141

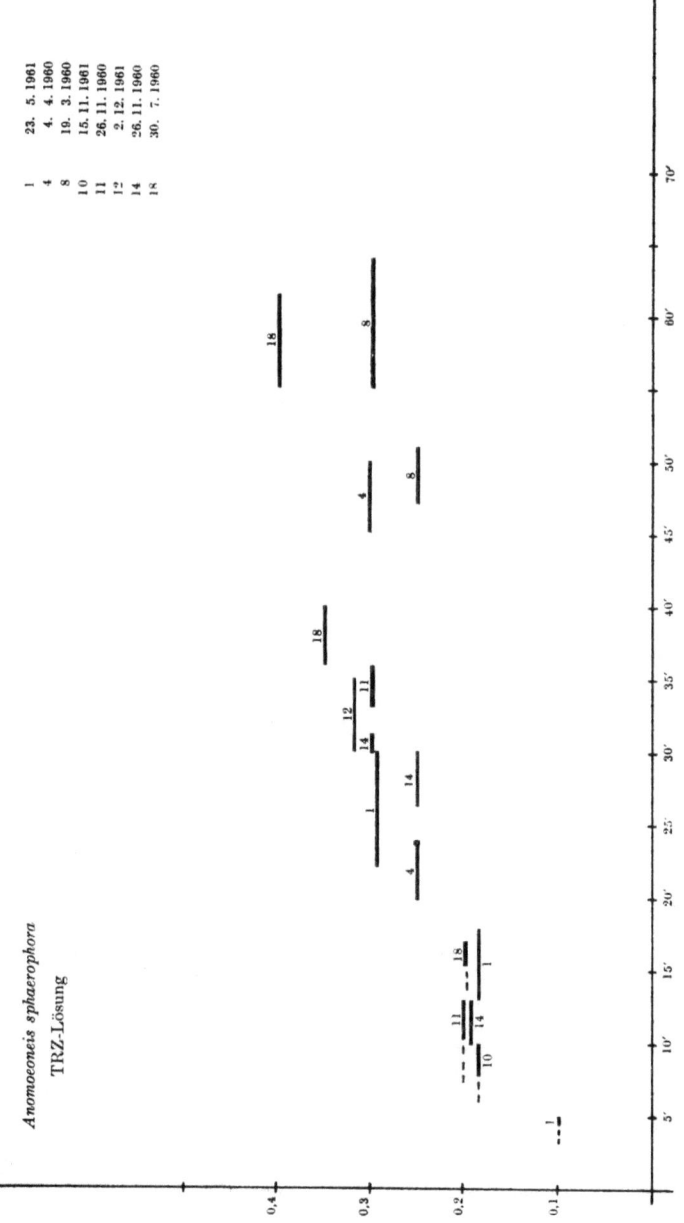

Abb. 3. Zeitdifferenzen zwischen Vollendung der Deplasmolyse und Wiederaufnahme der Bewegung. Anomoeoneis sphaerophora, plasmolysiert in Traubenzucker.

b) Salzpermeabilität

Kochsalz gelöst in Standortswasser.

Bei 0,1 mol NaCl ist kein Aufhören der Bewegung festzustellen. Allerdings tritt eine Verlangsamung der Bewegung ein.

0,2 mol NaCl — Schon 2 Minuten nach dem Hinzufügen der Lösung hört die Bewegung bei manchen Zellen auf, nur vereinzelte *Nitzschien* schieben sich noch hin und her.

Aber schon nach 4 Minuten fangen die früher in Ruhe befindlichen Diatomeen sich wieder zu bewegen an.

Nach weiteren 5—10 Minuten ist alles wieder in lebhaftester Bewegung.

0,3 mol NaCl — Ungefähr 10—12 Minuten dauert es, bis sich die Zellen wieder zu bewegen beginnen, und nach weiteren 5—10 Minuten herrscht wieder die gleiche Lebhaftigkeit wie vor dem Einlegen in die Lösung.

0,4 mol NaCl — Sofort nach dem Hinzufügen des Plasmolytikums alles in Ruhe.

Nach 18—25 Minuten beginnen die ersten Diatomeen mit ihren Bewegungen.

Nach 30—35 Minuten sind die *Nitzschien* wieder lebhaft wie früher.

0,45 mol NaCl — Gleich alles in Ruhe.

Nach 42 Minuten beginnt die erste Zelle mit ihrer Fortbewegung und nach weiteren drei Minuten folgt dann eine Diatomee nach der anderen mit zuckenden Bewegungen.

Bei dieser Konzentration erfolgt die geradlinige Fortbewegung nur mehr sehr langsam und stockend.

Eine Schädigung des Protoplasten tritt erst bei der nächsthöheren Konzentration von 0,5 mol NaCl auf, und es erfolgt keine Deplasmolyse mehr, ebenso bleibt die Wiederaufnahme der Bewegung aus.

c) Seewasserpermeabilität

0,1 Seewasser ruft keine Beeinträchtigung der Bewegung hervor. Die *Nitzschien* verharren in ihrem normalen Zustand.

0,2 Seew. — 3—5 Minuten nach dem Hinzufügen der Konzentration ist die Bewegung etwas verlangsamt, nur ganz wenige Zellen befinden sich in Ruhe. 7—10 Minuten nach dem Einlegen lebhafte Fortbewegung wie früher.

0,3 Seew. — Gleich unmittelbar nach dem Einlegen in die Seewasserverdünnung sind alle Diatomeen in Ruhe. Nach 5—9 Minuten Beginn der Bewegung, und nach 12—17 Minuten sind die meisten Zellen schon wieder in lebhafter Fortbewegung.

0,4 Seew. — Unmittelbar nach dem Hinzufügen der Lösung alles in Ruhe, jedoch nach 6—9 Minuten beginnen vereinzelte Zellen und nach 11—15 Minuten sind die meisten schon wieder in lebhafter Bewegung.

0,5 Seew. — Alle Zellen in Ruhe, aber keine deutliche Plasmolyse.

Nach 21 Minuten fängt etwa die Hälfte der Diatomeen an sich zu bewegen, allerdings nur langsam und zögernd.

0,55 Seew. — Nach 22 Minuten beginnt die erste Zelle und nach 27 Minuten bereits mehrere mit der geradlinig verlaufenden Bewegung.

Bei einer Konzentration von 0,6 Seew. ist der Protoplast schon geschädigt, und es erfolgt kein Plasmolyserückgang mehr. Die Zellen verharren im Ruhezustand.

Nitzschia hungarica ist eine Diatomee, die für schwach salzige Gewässer charakteristisch ist und in solchen oft massenweise auftritt. Dies erklärt auch die hohe Resistenz gegen Kochsalzlösungen und Seewasserverdünnungen. Am schädlichsten wirken sich Traubenzuckerlösungen auf die Protoplasten der *Nitzschien* aus. Bei einer Konzentration von 0,45 mol TRZ erfolgt keine Deplasmolyse mehr, der Protoplast ist wahrscheinlich nicht mehr in lebensfähigem Zustand.

Etwas anders verhalten sich die obersten Grenzen der Deplasmolysezeiten bei einer stufenweisen Plasmolyse. Zuerst wird das Material in eine schwach hypertonische Lösung gelegt, plasmolysiert und die Deplasmolyse abgewartet. Dann wird die stark hypertonische Lösung hinzugefügt und die Dauer der Deplasmolysezeit beobachtet. Mit dieser Methode kommt man zu einer bedeutend höheren Resistenzschwelle.

12. Material aus dem Kirch-See bei Illmitz
Gesammelt am 18. 9. 1961

p_H 9,5

Analyse nach LÖFFLER bei Protokoll Nr. 10

Der See war fast ganz ausgetrocknet, nur um die Grashorste fand sich ein dünner brauner Belag von Diatomeen, stark vermischt mit Oscillatorien.

Vorkommende Arten: Anomoeoneis sphaerophora
Nitzschia hungarica

Die folgenden Versuche sollten zeigen, wie weit bei einer stufenweisen Plasmolyse die Resistenzschwelle nach oben verschoben werden kann.

Da die Zusammensetzung des Materials dem vom Juli 1961 ähnlich war, schließen diese Versuche an die vorhergegangenen an.

Während bei einer Konzentration von 0,45 mol TRZ schon eine Schädigung des Protoplasten eintritt, die Zellen in Erstarrung verharren, so tritt bei einer stufenweisen Plasmolyse, bei der das Präparat zuerst in eine Lösung von 0,3 mol TRZ gelegt wurde, bald wieder Bewegung der *Nitzschien* auf.

Nach dem Durchsaugen einer Lösung von 0,55 mol TRZ stellen die Diatomeen zwar sofort wieder ihre Bewegung ein, doch erwachen sie nach einiger Zeit aus der Erstarrung und nehmen die Bewegung wieder auf. Auch am nächsten Tag befinden sich noch viele Zellen in Bewegung und das Material ist noch gesund.

Auffallend ist, daß bei den Versuchen mit Kochsalzlösung ebenfalls eine geringe Steigerung der Konzentration nach Vorbehandlung möglich ist. Ertragen die *Nitzschien* ohne vorhergehende Plasmolyse mit einer schwachen Lösung 0,45 mol NaCl, in Standortswasser gelöst, so liegt doch die oberste Grenze der Erträglichkeit mit Vorbehandlung erst bei einer Konzentration von 0,55 mol NaCl.

Die größte Differenz der Resistenzschwelle finden wir jedoch bei Seewasserlösungen. Hier können nach einer Vorbehandlung in Lösungen von 0,3 oder 0,4 Seew., verdünnt mit aqua dest., dann Lösungen bis zu 0,8 Seew. hinzugefügt werden, ohne daß eine Schädigung des Protoplasten auftritt. Sogar an den folgenden Tagen sind die *Nitzschien*-Zellen noch am Leben. Erst bei noch höheren Konzentrationen erfolgt eine Schädigung der Protoplasten und die Rückdehnung bleibt aus; die Zellen sind abgestorben.

13. Material aus dem Graben beim Zick-See in Illmitz
Gesammelt am 10. 7. 1960

Chemische Daten vom	Dez. 1956	Nov. 1958
Leitvermögen	2900	5660
Alkalinität	14,40	31,40
$Ca^{..}$	3,5	11 mg/l
$Mg^{..}$	16,0	43 mg/l
$Na^{.}$	774	1450 mg/l
$K^{.}$	25	77 mg/l
Cl^-	365	634 mg/l
SO_4^{--}	528	950 mg/l

Daten nach LÖFFLER (1957, vgl. HUSTEDT 1959)

Vorhandenes Material: Anomoeoneis sphaerophora
Cymbella pusilla

a) Traubenzucker in Standortswasser gelöst.

0,2 mol TRZ — Wenige Minuten nach dem Einlegen in das Plasmolytikum zeigt sich an den Längsseiten der *Cymbella*-Zellen eine ganz schwache Abhebung, die sich aber in den folgenden Minuten nicht mehr verstärkt und auch schon nach 10 Minuten wieder verschwunden ist. Nach einer weiteren Minute beginnen die Bewegungen zuerst ganz langsam und dann immer lebhafter. Nach 19 Minuten sind alle im Präparat vorhandenen *Cymbella*-Zellen in lebhaftester Bewegung.

0,25 mol TRZ — Die Abhebungen an den Längsseiten sind bei dieser Konzentration schon stärker und der Protoplast rundet sich nach 8 Minuten bereits schön ab. Nach 22 Minuten beginnt die Plasmolyse zurückzugehen, allerdings nicht bei allen Zellen mit der gleichen Geschwindigkeit.

Nach 26 Minuten befinden sich vereinzelte Zellen in dem Präparat bereits in Bewegung, alle Zellen sind schon deplasmolysiert.

Nach 30 Minuten sind alle Diatomeen wieder in lebhaftester Bewegung.

0,3 mol TRZ — 6 Minuten nach dem Hinzufügen der Lösung sind alle Diatomeen plasmolysiert, aber der Protoplast ist noch nicht überall schön abgekugelt.

Bei manchen Diatomeen sind deutlich negative Plasmolyseorte zu sehen (vgl. F. WEBER, 1929).

Nach 26—32 Minuten ist die Plasmolyse bereits im Rückgang. Oftmals ist das eine Ende der Zelle von dem Protoplasten schon ausgefüllt, während das andere noch den abgekugelten Protoplasten zeigt.

37 Minuten nach dem Einlegen in das Plasmolytikum sind die Zellen bereits deplasmolysiert.

Vereinzelte *Cymbella*-Zellen beginnen mit den zappelnden Bewegungen.

Nach weiteren 10 Minuten sind die meisten Diatomeen schon wieder in lebhaftester Bewegung.

b) Seewasserpermeabilität

0,1 Seew. — Die Individuen von *Cymbella pusilla* sind nach dem Hinzufügen des Plasmolytikums einige wenige Minuten unbeweglich. Doch nach 5 Minuten sind alle wieder in lebhaftester Bewegung.

Es ist bei dieser Konzentration an dem Material noch keine Plasmolyse zu beobachten.

0,2 Seew. — Auch bei dieser Konzentration ist keine Abhebung des Plasmas von den Wänden zu bemerken, allerdings befinden sich die Zellen bald nach dem Einlegen in die Lösung in Ruhe.

Nach 6—8 Minuten sind alle im Präparat vorhandenen Diatomeen wieder in lebhaftester Bewegung.

0,25 Seew. — Auch hier noch keine Plasmolyse. Die Diatomeen befinden sich in Ruhe.

Nach 8 Minuten beginnt wieder die Bewegung.

0,3 Seew. — In der Schalenansicht ist noch keine Plasmolyse zu sehen, aber Zellen in der Gürtelbandansicht weisen eine leichte Abhebung des Plasmabelages von den Wänden auf. Nach 10 Minuten sind bereits viele Diatomeen wieder in Bewegung.

0,35 Seew. — Die Zellen in der Gürtelbandansicht zeigen nach 2 Minuten bereits deutliche Plasmolyse, die sich in den folgenden Minuten noch verstärkt.

Nach 9 Minuten ist bei einer Diatomee der Protoplast schon schön abgekugelt. Die Deplasmolyse beginnt.

Nach 12 Minuten ist die Deplasmolyse schon ziemlich weit fortgeschritten und vereinzelte Zellen zeigen schon ihre charakteristischen zuckenden Bewegungen.

23 Minuten nach dem Einlegen in das Plasmolytikum sind die meisten Diatomeen wieder in Bewegung.

0,4 Seew. — In dieser Konzentration zeigen die *Cymbellen* bereits sehr starke Plasmolyse.

Einige Zellen sind nach 19 Minuten bereits deplasmolysiert und beginnen dann nach 25 Minuten wieder mit ihren Bewegungen.

0,5 Seew. — Nach 2 Minuten schon starke Plasmolyse, die sich in den folgenden Minuten noch verstärkt.

Nach 18 Minuten beginnt die Rückdehnung des Protoplasten und diese dauert lange bei dieser Konzentration, denn erst nach 35 Minuten ist die Deplasmolyse vollendet.

Die erste Diatomee beginnt nach 38 Minuten mit ihren Bewegungen.

0,6 Seew. — 2 Minuten nach dem Hinzufügen des Plasmolytikums ist die Plasmolyse bereits eingetreten. Die Plasmolyse beginnt an den Breitseiten. In der Gürtelbandansicht sind die negativen Plasmolyseorte deutlich sichtbar. Nach 11 Minuten hat sich der Protoplast bei manchen Diatomeen bereits schön abgekugelt.

Nach 57 Minuten ist die Plasmolyse bei den beobachteten Zellen beinahe ganz zurückgegangen, die Diatomeen sind allerdings noch in Ruhe.

Nach 59 Minuten beginnt die erste *Cymbella* mit ihren Bewegungen und die anderen Diatomeen dieser Art folgen in den nächsten Minuten nach.

0,8 Seew. — Bei dieser Konzentration ist die Plasmolyse schon sehr stark, mit deutlich sichtbaren Plasmolyseorten und bei manchen Zellen tritt sogar Krampfplasmolyse ein. Nach 45 Minuten ist bei den beobachteten *Cymbellen* die Plasmolyse bereits ganz zurückgegangen; andere Zellen im Präparat sind aber noch immer stark krampfig plasmolysiert.

Die vorher deplasmolysierten Zellen befinden sich nach 75 Minuten in Bewegung, die anderen Diatomeen sind noch stark plasmolysiert.

Auch am nächsten Tag sind die *Cymbellen* noch immer unverändert lebhaft in Bewegung.

0,9 Seew. — Die Diatomeen sind gleich nach dem Hinzufügen des Plasmolytikums sehr stark plasmolysiert.

In der nächsten halben Stunde kommt es bei den meisten Zellen zu keiner Abkugelung des Protoplasten. Die Diatomeen sind stark krampfig plasmolysiert. Die Plasmolyse geht aber doch, wenn auch erst nach 74 Minuten, wieder zurück.

Nach 180 Minuten sind einige wenige der *Cymbella*-Zellen in Bewegung, die meisten jedoch noch immer stark plasmolysiert.

1,0 Seew. — Bei dieser Konzentration erfolgt keine Deplasmolyse mehr. Die Zellen bleiben krampfig plasmolysiert.

Eine der häufigsten und zahlenmäßig am stärksten vertretenen Diatomeen des Salzlachengebiets ist hier die Diatomee *Cymbella pusilla*. Sie ist durch eine außergewöhnlich hohe Resistenz gegen Seewasserverdünnungen ausgezeichnet. Wegen der Kleinheit der Zellen ist eine Plasmolyse nur schwer zu erkennen, doch bei 0,3 Seew. sind die Abhebungen in der Gürtelbandansicht schon deutlich sichtbar. Nach starken Abhebungen an den Längsseiten kommt es fast immer zu einer schönen Abkugelung der Protoplasten. Die Ausdehnung des Protoplasten erfolgt nicht immer gleichzeitig; oftmals ist das eine Ende der Zelle vom Plasma schon ausgefüllt, während am anderen Zellende der Protoplast noch immer abgekugelt ist.

Bei 0,8 Seew. ist ein Teil der Zellen stark krampfig plasmolysiert, und eine Wiederausdehnung bleibt aus: der Protoplast ist erstarrt. Vereinzelte Zellen, mehr als die Hälfte der *Cymbella*-Individuen, sind erstarrt.

Bei 0,9 Seew. erfolgt die Ausdehnung des Protoplasten nur mehr bei ganz wenigen Zellen, die meisten bleiben krampfig plasmolysiert.

Endlich bei 1,0 Seew. dehnt sich der Protoplast bei keiner Zelle mehr aus, der Protoplast ist irreversibel geschädigt.

Auch die Resistenz gegen TRZ-Lösungen ist ziemlich hoch. Bei einer Konzentration von 0,4 mol TRZ treten noch keine Schädigungen auf, und es ist zu erwarten, daß auch höhere Konzentrationen von den Zellen noch gut vertragen werden können.

14. Material aus der Einsetz-Lacke
Gesammelt am 21. 6. 1960
Chemische Analysen bei Protokoll Nr. 1.

Besonders beobachtet: *Nitzschia sigmoidea*.

a)

0,2 mol TRZ — Die Zellen sind nach einigen wenigen Minuten schon unbeweglich und ganz unterschiedlich plasmolysiert. Nach 12 Minuten fängt bereits die Plasmolyse an und nach 39 Minuten sind die meisten Zellen wieder in Bewegung.

0,25 mol TRZ — Nach 5 Minuten zeigt sich schon eine deutliche seitliche Abhebung. Der Protoplast ist schön abgekugelt.

Auch nach mehr als einer halben Stunde ist noch keine Bewegung zu beobachten.

b)

0,15 mol NaCl — In dieser Konzentration zeigt sich nur eine geringe Abhebung an den Enden.

Die Plasmolyse geht zurück, doch auch nach einer und einer halben Stunde zeigen die Diatomeen noch keine Bewegung.

Nitzschia sigmoidea, eine Diatomee, die nicht nur im Süßwasser, sondern auch in schwach brackigen Gewässern vorkommt, wird durch geringe hypertonische Lösungen schon geschädigt. Dabei erfährt das Plasma eine sichtbare Strukturänderung.

Der Verlauf der Plasmolyse ist durchaus normal, und auch die Rückdehnung des Protoplasten wird nicht unterbrochen. Nach vollständiger Deplasmolyse bleibt aber dann die Wiederaufnahme der Bewegung aus. Das Plasma zwischen dem Chromatophor und der Zellwand bekommt ein stark zerklüftetes und vakuoliges Aussehen. Keine dieser Diatomeen, bei denen das Plasma nach der Plasmolyse diese schaumige Struktur angenommen hat, beginnt wieder mit den Bewegungen. Unplasmolysierte Diatomeen, die ich daraufhin untersucht habe, weisen derartig veränderte Protoplasten nicht auf. Weder unausgeglichene Buchten der Chromatophoren, noch farbliche Veränderungen deuten auf ein Absterben der Zelle hin. Bei höheren Konzentrationen (0,25 mol TRZ) tritt nicht selten eine krampfige Abhebung des Protoplasten von der Zellwand ein. Zwischen den Plasmolyseorten liegen dann tiefe Buchten, die nicht mehr ausgeglichen werden können. Bei dieser Konzentration sind aber nun die Enden des Chromatophors nicht mehr glatt gerundet, sondern krampfig eingebuchtet (vgl. PLASS 1943).

Bei relativ geringen Konzentrationen des Plasmolytikums (0,15 mol NaCl) konnte ich keine Wiederaufnahme der Bewegung mehr beobachten. Wahrscheinlich trägt auch hier die Strukturänderung des Plasmas die Schuld.

15. Material aus dem Kirch-See bei Illmitz

Gesammelt am 2. 1. 1961

p_H 8,0

Analyse nach LÖFFLER (1957) bei Protokoll Nr. 10.

Vorhandenes Material:

Anomoeoneis sphaerophora
Nitzschia hungarica
Nitzschia apiculata
Nitzschia tryblionella, var. levidensis
Pinnularia microstauron, var. Brebissonii
Surirella ovata
Surirella ovalis
Stauroneis Wislouchii

a) Traubenzuckerpermeabilität

0,2 mol TRZ — Die *Nitzschien* sind in dieser Lösung noch immer unverändert in Bewegung, allerdings ist diese etwas verlangsamt.

Anomoeoneis sind in Ruhe, zeigen aber keine Plasmaabhebungen, ebenso die *Pinnularien*.

Stauroneis-Zellen sind schon ganz schwach plasmolysiert, der Protoplast ist aber nur bei wenigen, und bei diesen nur einseitig, abgekugelt.

Nach 11 Minuten beginnen die ersten *Anomoeoneis*-Zellen mit ihren ruckartigen Bewegungen. Die anderen folgen bald darauf nach.

Auch die *Nitzschien* haben ihre lebhaften Bewegungen wieder aufgenommen.

Die Deplasmolyse bei den *Stauroneis*-Zellen ist beendet, und nach weiteren 5 Minuten beginnen auch sie wieder mit ihren Bewegungen.

0,3 mol TRZ — Die Plasmolyse ist schon ziemlich stark, besonders deutlich in der Gürtelbandansicht, der Protoplast teilweise schön abgerundet.

Nach 10 Minuten bewegt sich die erste *Nitzschia tryblionella* bereits. Erst nach 30 Minuten ist die erste *Anomoeoneis* deplasmolysiert, und es dauert noch weitere 15 Minuten bis die Bewegungen wieder beginnen.

Die *Stauroneis*-Zellen waren die ganze Zeit sehr stark plasmolysiert, und nach 13 Minuten erfolgt die Abkugelung der Protoplasten.

Nach 35 Minuten ist bei vielen *Stauroneis*-Zellen die Deplasmolyse schon vollendet, aber sie sind noch immer unbeweglich.

b) Seewasserpermeabilität.

0,2 Seew. — Unmittelbar nach dem Einlegen sind die *Stauroneis*-Zellen ganz schwach plasmolysiert, mit leichten seitlichen Abhebungen.

Anomoeoneis-Zellen weisen keine Abhebungen auf, sind aber in Ruhe, während die kleinen *Nitzschien* sich lebhaft bewegen.

Nach 8 Minuten rundet sich der Protoplast bei den *Stauroneis*-Zellen schön ab, und nach 12 Minuten beginnt bereits die Deplasmolyse.

Nach weiteren 5 Minuten sind die Zellen schon vollkommen deplasmolysiert, und einzelne beginnen mit ihren zuckenden Bewegungen.

Anomoeoneis-Zellen beginnen auch vereinzelt wieder mit den Bewegungen.

c) Kochsalzpermeabilität.

NaCl mit $CaCl_2$ entgiftet. Gemischt im Verhältnis 9:1.

0,2 mol — Die *Nitzschien* bleiben unverändert in Bewegung, jedoch die *Stauroneis*-Zellen sind gleich nach dem Einlegen in das Plasmolytikum leicht plasmolysiert. Auffällig ist hier die einseitige Plasmolyse, die auch schon ÜBELEIS (1957) beschrieben hat. Dabei rundet sich der Protoplast nur an dem einen Zellende ab, während am anderen Ende der Plasmafaden erhalten bleibt. Nicht alle Zellen sind gleichmäßig plasmolysiert. Bei den *Anomoeoneis* ist die Abhebung nur deutlich in der Gürtelbandansicht.

Nach 22 Minuten geht bei der beobachteten *Stauroneis*-Zelle die Plasmolyse zurück.

Nach 20 Minuten haben die *Nitzschien* auch schon wieder mit ihren Bewegungen begonnen.

Nach 50 Minuten völlige Deplasmolyse bei den *Stauroneis*-Zellen, jedoch noch immer in Ruhe.

35 Minuten nach dem Einlegen in die Lösung beginnt die erste *Anomoeoneis*-Zelle mit ihren Bewegungen.

Einzelne *Stauroneis*-Zellen sind noch immer krampfig plasmolysiert, andere völlig deplasmolysiert, aber alle in Ruhe.

0,3 mol — Schon bald nach dem Hinzufügen der Lösung bei allen Zellen deutliche Plasmolyse und schön abgerundete Protoplasten.

Auch die *Nitzschien* bewegen sich bei dieser Konzentration nicht mehr, doch nach 7—10 Minuten beginnen einzelne wieder mit den Bewegungen.

Manche der *Stauroneis*-Zellen sind nach 30 Minuten in Bewegung, die meisten jedoch, genauso wie die *Anomoeoneis*-Zellen, stark krampfig plasmolysiert und wahrscheinlich schon geschädigt.

0,4 mol — Bald nach dem Hinzufügen der Lösung alles in Ruhe und auch schon stark plasmolysiert.

Nach 30 Minuten ist die Abhebung bei den *Anomoeoneis*-Zellen schon stark zurückgegangen, jedoch tritt keine völlige Deplasmolyse ein. Der Protoplast verharrt in Erstarrung.

Auch die *Nitzschien* befinden sich nach mehr als einer Stunde noch immer in Ruhe.

Stauroneis zeigt stark krampfige Plasmolyse und keine Anzeichen einer beginnenden Deplasmolyse.

Stauroneis Wislouchii ist eine Form, die erst recht spät in dem Lachengebiet des Seewinkels entdeckt worden ist. Vorher war sie nur aus den Salzgewässern Rußlands und Nordtibets bekannt. Die ökologischen Bedingungen waren demnach auch im Lachengebiet für die Verbreitung dieser Art günstig. Auch hier unterliegen die Diatomeen starken Konzentrationsschwankungen, hervorgerufen durch den wechselnden Wasserstand. CHOLNOKY (1928) beobachtete einige Exemplare dieser Gattung, und zwar *Stauroneis spicula* HICKIE, die eine ausgesprochene Brackwasserbewohnerin ist und in Ungarn besonders im Sommer und Herbst in großen Massen auftritt.

Interessant ist bei der Gattung *Stauroneis* der Verlauf der Plasmolyse. Hat man seit PFEFFER angenommen, daß sich der Plasmaschlauch zuerst an den Enden der Zelle ablöst und ist dies zweifellos auch bei zahlreichen Zellformen der Fall, so zeigt *Stauroneis* eine ganz eigenartige und charakteristische Plasmolyseform. Zuerst beginnen die Abhebungen in der Mitte der Zelle neben der Pleura. Dauert nun die Plasmolyse längere Zeit an, so nimmt die Abhebung immer größere Wandflächen ein, und das geht so weit, bis der Plasmaschlauch schließlich nur mehr ganz schmal ist und eng einer der beiden Pleuralseiten anliegt. Die Anheftung an der

Raphe ist sehr fest, und erst im späten Stadium der Plasmolyse wird die Raphelinie überschritten.

Es kann aber auch der Fall eintreten, besonders bei sehr stark wirksam werdenden Plasmolytika, daß neben der pleuralen Abhebung auch noch eine Abhebung des Plasmaschlauches von den Zellenden auftritt.

Entgegen aller Erwartung zeigt sich diese Form nicht besonders resistent. Schon bei relativ geringen Traubenzuckerkonzentrationen erfolgt eine Rückdehnung des Protoplasten, aber die Bewegungsfähigkeit stellt sich nicht mehr ein.

Auch Kochsalz-Lösungen gegenüber (entgiftet mit $CaCl_2$, im Verhältnis 9:1 gemischt) zeigen sich die *Stauroneis*-Zellen nicht sehr resistent. Bei 0,3 mol $NaCl$-$CaCl_2$ sind schon zahlreiche Zellen irreversibel geschädigt und verharren in einer Krampfplasmolyse. Auch im Präparat vorhandene *Anomoeoneis*-Zellen zeigen in dieser Versuchsreihe im Spätherbst keine Rückdehnung des Protoplasten. 0,4 mol $NaCl$-$CaCl_2$ wirkt schon so stark schädigend, daß keine Zellen mehr normale Plasmolyse zeigen.

16. Material aus dem Graben bei Illmitz, auf dem Weg zur Einsetz-Lacke
Gesammelt am 19. 3. 1960

Von diesem Standort liegen keine Analysen vor.

Vorhandenes Material:
    Anomoeoneis polygramma, vereinzelt
    Navicula minima
    Navicula cryptocephala
    Navicula cuspidata, var. ambigua
    Nitzschia amphibia
    Nitzschia obtusa

Besonders beobachtet:
    Navicula cryptocephala
    Anomoeoneis polygramma

a)
0,15 mol NaCl — Nach 8 Minuten ist noch eine große Zahl von *Naviculae* in Bewegung. Wahrscheinlich verursacht diese Konzentration noch keine Beeinträchtigung der Bewegung und auch keine Plasmolyse.

0,2 mol NaCl — Nach 2—3 Minuten nur mehr ganz wenige Zellen in Bewegung und auch diese stehen nach 5 Minuten still. Plasmolyse ist wegen der kleinen und außerdem schmalen Zellen nicht mit Sicherheit festzustellen.

0,125 mol NaCl — Nur bei sich teilenden Zellen in Gürtelbandansicht ist eine Plasmolyse festzustellen. In der Schalenansicht ist keinerlei Abhebung zu bemerken.

Die Zellen weisen durchwegs viele Speicherstoffe auf; besonders Öltropfen sind in großen Mengen vorhanden. Sehr unterschiedlich groß, entweder diagonal an den Plastiden angesetzt, oder ganz große, die $1/_5$ des Zellvolumens ausfüllen. Nach 11 Minuten sind schon wieder die meisten der im Gesichtsfeld vorhandenen Zellen in Bewegung.

b) Traubenzuckerpermeabilität

0,25 mol TRZ — *Naviculae* zum Teil in dieser Lösung noch beweglich, teilweise in Ruhe.

Anomoeoneis zeigt schon deutliche Plasmolyse, die in den folgenden Minuten noch zunimmt. In den nächsten 5—10 Minuten beginnen die *Naviculae* wieder mit ihren Bewegungen. Bei den *Anomoeoneis*-Zellen nimmt die Plasmolyse noch immer an Stärke zu.

Nach 35 Minuten ist die *Anomoeoneis*-Zelle noch immer ziemlich stark plasmolysiert, erst nach 40 Minuten beginnt die Deplasmolyse und geht recht rasch vor sich. Nach 47 Minuten ist sie vollständig, die Zellen sind aber noch immer in Ruhe. Nach 51 Minuten beginnt die erste *Anomoeoneis*-Zelle mit ihren Bewegungen. Die anderen folgen bald darauf nach.

0,3 mol TRZ — Bei *Anomoeoneis polygramma* ziemlich starke Plasmolyse und auch alle *Nitzschien* und *Naviculae* sind unbeweglich. Bei manchen *Naviculae* ist auch deutliche, allerdings nur schwache Plasmolyse zu bemerken. Nach 36 Minuten sind schon wieder die meisten der *Naviculae* in Bewegung. *Anomoeoneis* noch immer stark plasmolysiert.

Nach 55 Minuten ist bei einigen *Anomoeoneis*-Zellen die Plasmolyse schon ganz zurückgegangen, aber sie sind noch immer in Ruhe.

Erst nach weiteren 6—9 Minuten beginnen vereinzelte Diatomeen mit zuckenden Bewegungen um ihre eigene Achse.

Aber erst nach 75—80 Minuten finden wir die *Anomoeoneis*-Zellen in geradliniger Bewegung.

0,25 mol TRZ — Bald nach dem Einlegen in die Lösung sind sowohl *Anomoeoneis* als auch *Naviculae* in Ruhe.

3 Minuten beginnende Plasmolyse bei den *Anomoeoneis*-Zellen;
5 Minuten beiderseitige schöne Plasmolyse;
7 Minuten diese verstärkt sich bei den beiden beobachteten Zellen noch mehr;
10 Minuten die erste *Navicula* beginnt sich zu bewegen;
11 Minuten die zweite Zelle beginnt mit ihren Bewegungen. Es folgt eine nach der anderen.
20 Minuten ein Viertel aller *Naviculen* in Bewegung;
24 Minuten ein Drittel bewegt sich schon;
28 Minuten die Hälfte;
34 Minuten *Anomoeoneis* schwach konvex plasmolysiert;
50 Minuten Deplasmolyse bei den meisten *Anomoeoneis*-Zellen bereits vollständig, einzelne Zellen beginnen auch schon mit ihren Bewegungen.

17. Material aus der Seegasse in Illmitz
Gesammelt am 26. 11. 1960

Es liegt keine Analyse vor.

a) Seewasserpermeabilität

0,2 Seew. — Die kleinen *Nitzschien*-Zellen unverändert in Bewegung. *Anomoeoneis sphaerophora* zeigt keine Plasmolyse, ist aber in Ruhe.

Auch in den folgenden Minuten tritt keine Abhebung auf.

Nach 18 Minuten beginnt die erste *Anomoeoneis* sich ruckartig zu bewegen.

Nach einer $^3/_4$ Stunde sind alle Diatomeen wieder in lebhaftester Bewegung.

0,25 Seew. — In dieser Verdünnung zeigt sich schon deutliche Plasmolyse, die sich in den folgenden Minuten noch verstärkt. Nach 8 Minuten Abkugelung des Protoplasten und 2 Minuten später beginnt der Protoplast sich auszudehnen.

Die kleinen *Nitzschien*, bisher in Ruhe, beginnen nach 10 Minuten wieder mit ihren Bewegungen. Bei den *Anomoeoneis*-Zellen ist die Deplasmolyse vollendet. 21 Minuten nach dem Hinzufügen des Plasmolytikums bewegt sich die erste *Anomoeoneis*-Zelle, und 25 Minuten nach dem Einlegen in die Lösung sind bereits viele Zellen in Bewegung.

0,3 Seew. — Bereits kurze Zeit nach dem Einlegen schon starke Plasmolyse, besonders in der Gürtelbandansicht deutlich ausgeprägte Plasmolyseorte. Die Abhebung nimmt an Stärke noch in den folgenden Minuten zu. Nur bei vereinzelten Zellen kommt es zu einer schönen Abkugelung des Protoplasten.

Nach 11 Minuten beginnt die Deplasmolyse, und nach 33 Minuten befindet sich die erste *Anomoeoneis*-Zelle schon in normaler Bewegung.

40 Minuten nach dem Hinzufügen des Plasmolytikums sind alle im Präparat vorhandenen Diatomeen in lebhafter Bewegung.

Besonders beobachtet:

Nitzschia commutata

a) Traubenzuckerpermeabilität

0,2 mol TRZ — In dieser Konzentration ist noch keine Plasmolyse zu bemerken, aber alle Zellen befinden sich in Ruhe.

Nach ca. 6—10 Minuten beginnen vereinzelte Zellen wieder mit ihren normalen Bewegungen. Nach 17 Minuten alle Diatomeen wieder so lebhaft in Bewegung wie vor dem Einlegen in das Plasmolytikum.

0,3 mol TRZ — Bald nach dem Hinzufügen der Lösung sind alle Zellen unbeweglich.

15 Minuten später befinden sich etliche Diatomeen in normaler Bewegung, genau so schnell und lebhaft wie vor dem Plasmolysieren.

0,4 mol TRZ — Unmittelbar darauf alles unbeweglich. Erst nach 26 Minuten beginnen die ersten *Nitzschien* mit ihren Bewegungen, jedoch ist ein Großteil noch in Ruhe.

Nach 40 Minuten sind die meisten Diatomeen bereits wieder in Bewegung, auch die kleine *Navicula minima*.

b) Seewasserpermeabilität

Bei der niederen Konzentration von 0,1 Seew. erfahren die Diatomeen keine Beeinträchtigung ihrer Bewegungen.

0,2 Seew. — Auch in dieser Konzentration ist kurz nach dem Einlegen noch alles in Bewegung, erst wenige Minuten danach erstarren die Zellen, bis auf einige wenige.

Nach 9 Minuten ist die erste *Nitzschia* in Bewegung, und es folgen bald darauf die restlichen.

0,3 Seew. — Auch bei dieser Konzentration unmittelbar nach dem Hinzufügen noch viele Zellen in Bewegung. Diese hört aber nach wenigen Augenblicken auf.

Erst nach 14 Minuten beginnen dann vereinzelte *Nitzschien* mit ihren Bewegungen, und nach 20 Minuten ist alles lebhaft in Bewegung.

0,4 Seew. — Gleich nach dem Hinzufügen der Lösung alles in Ruhe.

Erst nach 23 Minuten beginnen sich die ersten *Nitzschien* zu bewegen, und nach 62 Minuten ist alles in lebhafter Bewegung.

18. Graben bei der Einsetz-Lacke bei Illmitz

Gesammelt am 12. 3. 1961

p$_H$ 9,7

Es liegen von diesem Standort keine Analysen vor.

Vorkommendes Material:
> Anomoeoneis polygramma vereinzelt,
> Anomoeoneis sphaerophora
> Navicula minima
> Nitzschia amphibia
> Nitzschia obtusa

a) Traubenzuckerpermeabilität

0,1 mol TRZ — Die Bewegung der Zellen bleibt erhalten.

0,2 mol TRZ — *Nitzschien* sind unverändert lebhaft in Bewegung, ebenso die kleinen *Naviculae*.

0,3 mol TRZ — *Nitzschien* auch bei dieser Konzentration noch immer in Bewegung, doch nicht mehr so lebhaft wie vor dem Einlegen in diese Konzentration. Nur mehr stockend und ruckartig erfolgt die Fortbewegung.

Manche Zellen sind auch ganz unbeweglich, doch ist keine Plasmolyse zu bemerken.

Nach 6 Minuten sind schon bedeutend mehr Zellen in Ruhe, nur mehr einige verändern ihre Lage immer noch mit ruckartigen Bewegungen.

0,4 mol TRZ — Die Diatomeen sind schon bald nach dem Einlegen in das Plasmolytikum in Ruhe. Doch nach 8 Minuten beginnen sie schon wieder mit ihren Bewegungen, und diese werden in den folgenden Minuten immer lebhafter.

Nach 18 Minuten Lebhaftigkeit der Bewegung wie früher.

0,5 mol TRZ — Nach 3 Minuten ist schon eine deutliche Plasmolyse zu bemerken, besonders bei den *Anomoeoneis*-Zellen.

Nach 12—14 Minuten zeigen die schmalen *Nitzschien* schon wieder lebhafte Bewegungen.

Bei den *Anomoeoneis*-Zellen geht die Plasmolyse auch zurück.

Nach 16 Minuten bewegen sich überall im beobachteten Gesichtsfeld die kleinen schmalen Zellen der *Nitzschien* und *Naviculae*. Bei den großen Zellen geht die Abhebung immer mehr zurück.

Nach 18 Minuten ist eine große *Anomoeoneis* bereits in Bewegung, 4 Minuten später sind es schon mehrere. Manche Zellen sind allerdings noch immer plasmolysiert, besonders deutlich ist das in der Gürtelbandansicht zu bemerken. Vielleicht sind aber die Protoplasten dieser Diatomeen schon geschädigt. 40 Minuten nach dem Hinzufügen des Plasmolytikums ist ein Großteil der Zellen in lebhafter Bewegung.

19. Material aus dem Kirch-See bei Illmitz
Gesammelt am 2. 12. 1961

Chemische Daten siehe Protokoll Nr. 10 (vgl. LÖFFLER 1957).

Besonders beobachtet:

Surirella ovata und *Nitzschia hungarica*

a)
0,2 Seew. — Die *Nitzschien* bleiben unverändert in Bewegung. An *Surirella* sind Abhebungen zu bemerken, doch zeigen nicht alle Zellen eine schöne Abhebung des Protoplasten und Abkugelung, vielmehr fällt bei vielen Diatomeen dieser Gattung ein krampfiges Aussehen auf. Große Kügelchen Speicherstoffe liegen in den Zellen. In den nächsten 9 Minuten werden die Abhebungen immer deutlicher. Die Plasmolyse tritt aber auch nicht bei allen Zellen mit der gleichen Stärke auf. Vereinzelte *Nitzschien* wieder in lebhaftester Bewegung, doch erst nach 53 Minuten beginnt die Plasmolyse bei den *Surirellen* zurückzugehen, und nach 65 Minuten ist die Deplasmolyse beendet.

0,3 Seew. — Die Abhebung ist nach dem Hinzufügen der Lösung schon sehr deutlich und verstärkt sich noch in den folgenden Minuten. Auch die *Nitzschien* sind unmittelbar nach dem Einlegen in das Plasmolytikum im Ruhezustand.

Fast alle Zellen zeigen Plasmolyse, wobei der Protoplast in den meisten Zellen schön abgerundet ist.

Nach 25 Minuten befindet sich ein Großteil der *Nitzschien* bereits wieder in Bewegung.

Nach 85 Minuten sind die *Surirellen* teilweise schon deplasmolysiert, teilweise zeigen sie noch immer sehr starke, fast krampfartige Plasmolyse.

b) Versuche mit Traubenzucker in Standortswasser gelöst

0,2 mol TRZ — Die *Nitzschien* bleiben unverändert in Bewegung. Bei *Surirella* in Schalen- und Gürtelbandansicht schon deutliche Plasmolyse.

Manche Zellen zeigen in den folgenden 35 Minuten noch immer eine sich verstärkende Plasmolyse, andere wiederum auch nicht die geringste Abhebung des Plasmas von der Zellwand.

Nach 57 Minuten beginnt die Plasmolyse etwas zurückzugehen. Nach 90 Minuten ist die Deplasmolyse bei einigen Zellen beendet. Andere hingegen zeigen auch bei dieser Konzentration schon krampfige, sehr starke Abhebungen des Plasmas.

Die Versuche wurden nicht fortgesetzt, da sich *Surirella* als ein ungünstiges Objekt erwiesen hat. Wegen der Dicke der Zellen ist eine eintretende Plasmolyse nicht mit Sicherheit gleich im Anfangsstadium festzustellen, ebensowenig kann man den endgültigen Abschluß der Deplasmolyse genau beobachten. Zudem weisen die Zellen einen viel zu unterschiedlichen Plasmolysegrad auf, so daß man zu keinen gültigen Werten kommen kann.

20. Material aus dem „Enteromorpha-Graben", dem Verbindungskanal zwischen dem Xix-See und der Martenthal-Lacke links der Straßenbrücke

Gesammelt am 28. 11. 1959

Von diesem Standort liegen keine chemischen Daten vor.

Besonders beobachtet die indifferenten Arten:

Navicula cuspidata
Nitzschia sigmoidea

die zwar vom Salzgehalt an sich unabhängig sind, aber durch die Konzentrationsschwankungen begünstigt werden.

0,2 mol TRZ — *Navicula cuspidata* zeigt bereits wenige Minuten nach dem Einlegen in die TRZ-Lösung starke Plasmolyse. Deutliche Abhebungen an den Seitenwänden und an der Spitze der Zellen treten auf.

Nach 7 Minuten ist bei einer Zelle der Protoplast an dem einen Zellenende schon schön abgerundet. In der Gürtelbandansicht deutliche negative Plasmolyseorte.

Nach 10 Minuten verschwindet bei der 1. Zelle die starke Einbuchtung in der Mitte der Zelle, dafür löst sich der Protoplast an den Zellenden ab. Bei der 2. Zelle bleibt die Einbuchtung noch erhalten.

Nach 13 Minuten ist die Einbuchtung bei der 1. Zelle völlig verschwunden, nur eine kleine Falte ist im Chromatophor noch zurückgeblieben. Bei der 2. Zelle beginnt die Einbuchtung auch schon zurückzugehen.

Nach 20 Minuten ist bei beiden Zellen die Abkugelung beinahe gleich.
Nach 23—30 Minuten ist schon eine deutliche Deplasmolyse zu bemerken.

Bei weiteren Versuchen mit der gleichen Konzentration wurde allgemein beobachtet, daß der Eintritt der Plasmolyse nach ca. 2—3 Minuten erfolgt und nach 5—10 Minuten bereits der Protoplast schön abgekugelt ist.

Für das gestellte Thema sind diese Versuche nur von geringer Bedeutung, da es sich um ausgesprochene Süßwasserformen handelt. Die Resistenzschwelle liegt sehr tief, und selbst schwache Konzentrationen rufen schon irreversible Schädigungen hervor.

Zum Vergleich soll hier ein Protokoll über Versuche mit Diatomeen von einem Süßwasserstandort angeführt werden. Das Material stammt aus einem nur schwach fließenden Seitenarm der Donau in der Stockerauer Au.

21. Material aus Krumpen beim Jagdhaus in der Stockerauer Au
Gesammelt am 22. 2. 1961

Es liegt keine Analyse vor.

Beobachtetes Material: Caloneis amphisbaena
Nitzschia sigmoidea
Nitzschia acuta
Stauroneis anceps
Navicula cryptocephala

a) Versuchslösungen: 0,1—0,4 mol TRZ.
0,1—0,4 mol NaCl.

0,1 mol TRZ — Nach 3 Minuten befinden sich die *Stauroneis*-Zellen noch immer in Bewegung. Auch die *Nitzschien* zeigen Bewegung, allerdings etwas verlangsamt. Bei keiner Zelle ist eine Plasmolyse zu bemerken.

Nach 10 Minuten ist die Bewegung wieder lebhaft wie früher.

Ganz vereinzelte Zellen sind zwar in Ruhe, aber andere Zellen der selben Art unvermindert lebhaft in Bewegung.

0,2 mol TRZ — Schon nach 3 Minuten sind viele Zellen in Ruhe, doch auch hier keine Plasmolyseerscheinungen zu beobachten, da die Formen sehr schmal sind. *Stauroneis* und *Naviculae* noch immer in Bewegung. *Nitzschia sigmoidea* plasmolysiert, etwas krampfig. Nach 14 Minuten wieder lebhafte Bewegung bei allen Zellen.

0,3 mol TRZ — Bei dieser Konzentration sind alle Zellen in Ruhe, und bei den etwas größeren Formen sind sogar Abhebungen zu beobachten.

Nach 10 Minuten befinden sich die *Nitzschien* in Bewegung. Nach weiteren 3 Minuten folgen die *Stauroneis*-Zellen. Bei den anderen Formen vielfach noch immer Plasmolyse und eine große Anzahl sind überhaupt geschädigt.

Nach 20 Minuten beginnen sich schon bedeutend mehr Zellen zu bewegen. Nach weiteren 3—6 Minuten sind die meisten Zellen des Präparates wieder in lebhafter Bewegung.

0,4 mol TRZ — Sofort alles unbeweglich und bei einigen größeren Zellen deutliche Plasmolyseerscheinungen.

Besonders deutlich bei *Nitzschia sigmoidea* und *Caloneis amphisbaena*

Bei den anderen Formen mehr oder weniger deutlich. Nach 12 Minuten zeigt sich bei *C. amphisbaena* bereits eine deutliche Abkugelung des Protoplasten.

Nach 21 Minuten beginnen sich die ersten *Nitzschien* zu bewegen.

Auch nach mehr als einer Stunde sind noch immer zahlreiche Diatomeen unbeweglich.

b)
0,1 mol NaCl — Fast alle Zellen unbeweglich, bei einigen größeren Formen sogar Plasmolyse.

Nach 9 Minuten ist eine kleine *Caloneis*-Zelle bereits wieder in Bewegung.

Nach 18 Minuten beginnen sich auch die kleinen *Naviculen* und die *Nitzschien* zu bewegen.

0,2 mol NaCl — Alles unbeweglich, nur bei wenigen Zellen ist Plasmolyse zu bemerken. Erst nach 20—22 Minuten beginnen die Bewegungen wieder, zuerst bei den *Nitzschien* und *Caloneis*, dann folgen die anderen Formen.

c)
0,1 Seew. — Einige kleine Zellen befinden sich noch in Bewegung. Die größeren Zellen sind unbeweglich, aber nicht plasmolysiert. Nach 11 Minuten sind aber auch die *Stauroneis*-Zellen und die größeren *Nitzschien* in Bewegung.

0,2 Seew. — Auch hier alles unbeweglich. Nur die schmalen kleinen *Nitzschien* bewegen sich noch. Zahlreiche Zellen sind schon geschädigt.

Nach 13 Minuten sind die *Caloneis*-Zellen bereits wieder in Bewegung und die anderen folgen nach.

0,3 Seew. — *Nitzschia sigmoidea* mit deutlicher Plasmolyse. Nach 10 Minuten sind die kleinen *Nitzschien* wieder in Bewegung, und nach 15 Minuten beginnt auch eine *Caloneis* mit ihren Bewegungen.

Nach 20—25 Minuten sind die meisten wieder in Bewegung.

IV. Besprechung

Die Diatomeenflora des Salzlachengebietes östlich des Neusiedler Sees nimmt hinsichtlich ihrer besonderen Lebensbedingungen — das sind: hoher Salzgehalt, starke Schwankungen des Wasserspiegels und damit verbundene Konzentrationsschwankungen, stark basische p_H-Werte, hohe Alkalinität usw. — eine Sonderstellung ein. Diese Eigenarten des Standortes lassen daher auch auf ein charakteristisches ökologisches Verhalten der in dieser Lebensgemeinschaft vorkommenden Arten schließen.

Die Resistenz gegen Salzkonzentrationen wurde als ziemlich hoch angenommen, und das, wie die Ergebnisse meiner Untersuchungen gezeigt haben, durchaus berechtigt. Die Widerstandsfähigkeit gegen Faktoren, die am natürlichen Standort auf die Lebensfähigkeit der Alge Einfluß nehmen können, bezeichnet BIEBL (1952) als ökologische Resistenz. Im Gegensatz dazu steht die nicht umweltsbedingte Resistenz, die Bezug nimmt auf Faktoren, deren Einflüsse unter natürlichen Bedingungen niemals so stark werden können, daß die Resistenz ihnen gegenüber eine bedeutende Rolle im Leben der Pflanze spielen kann. Die Thematik meiner Versuche war jedoch nur die ökologische Resistenz.

Anomoeoneis sphaerophora ist, wie schon HÖFLER und LEGLER (1940) beschrieben, die weitaus resistenteste Form unter den *Anomoeoneis*-Arten. Leider ist die Diatomee verhältnismäßig klein, und die Plasmolyse läßt sich nicht immer gut beobachten, da die Abhebungen von den Längsseiten erfolgen und die Plasmolyse nur in Gürtelbandansicht gut zu beobachten ist. Da jedoch diese Ansicht sehr schmal ist, liegen die Zellen vorwiegend in der Schalenansicht, und hier ist erst bei sehr starker Plasmolyse an den Ecken eine Abhebung zu bemerken. Daher kommt es wohl auch, daß oft bei einer Konzentration von 0,2 oder sogar 0,25 mol noch immer keine Plasmolyse zu beobachten ist, die Zellen sich aber in Ruhe befinden. Es ist also bei dieser Art schwer, die Grenzplasmolyse sicher festzusetzen. Der Zeitpunkt der vollendeten Deplasmolyse kann nicht mit dem Zeitpunkt der Wiederaufnahme der Bewegung gleichgesetzt werden, da die Diatomeen in NaCl-Lösungen noch einige Zeit in Ruhe verharren. In TRZ-Lösungen beginnen die Diatomeen sofort nach vollendeter Deplasmolyse wieder mit den Bewegungen (vgl. HÖFLER 1940).

Mittlere Konzentrationen von 0,3 mol und 0,4 mol NaCl ertragen die Zellen ohne Schädigung, bei stärker hypertonischen Konzentrationen bleiben die Diatomeen in Ruhe, und auch am nächsten Tag ist keine Wiederaufnahme der Bewegung zu erwarten.

Die anderen Vertreter der Gattung *Anomoeoneis*, *A. polygramma* und *A. sculpta* zeigen sich gegenüber *A. sphaerophora* bedeutend weniger NaCl-resistent. Besonders *A. sculpta* weist bei relativ niedrigen Konzentrationen schon Schädigungen des Protoplasten auf.

Besonders halophile Diatomeen, wie z. B. die Art *Nitzschia hungarica*, ertragen Konzentrationen bis zu 0,45 mol NaCl ohne Schädigungen; bei 0,5 mol NaCl erfolgt keine Deplasmolyse mehr, der Protoplast ist erstarrt. Bei stufenweiser Überführung in höhere Konzentrationsbereiche steigt jedoch die Resistenzgrenze bis auf 0,55 mol NaCl. Erst ab dieser Konzentration bleiben die Zellen in Erstarrung.

Bei Versuchen mit Lösungen aus NaCl und $CaCl_2$, im Verhältnis 9:1 gemischt, zeigt es sich jedoch, daß bei den *Anomoeoneis*-Zellen schon bei relativ niedriger Konzentration von 0,3 mol NaCl-$CaCl_2$ die Deplasmolyse ausbleibt. Natürlich stagniert damit die Bewegung endgültig. Der $CaCl_2$-Zusatz allein wirkt also hier bemerkenswerterweise nicht „entgiftend".

Eine überraschend hohe Resistenz weisen alle Diatomeen des Salzlachengebietes gegenüber Seewasser auf. Die Zusammensetzung des Meerwassers entspricht natürlich mehr dem Chemismus der einzelnen Lachen als die reine Kochsalzlösung.

LÖFFLER (1957) hat sehr eingehende Untersuchungen über die Limnologie der Gewässer des Seewinkels durchgeführt. Dabei zeigte sich (s. o., Kap. II.), daß hohe Na-Konzentrationen niederen Ca-, Mg- und K-Werten gegenüberstehen, daß damit hohe Na-Alkalinität und parallel dazu hohe p_H-Werte zu konstatieren sind.

Einige Zellen von *Anomoeoneis sphaerophora* bleiben auch noch nach dem Hinzufügen des verdünnten Seewassers in Bewegung (bei 0,1 Seew.), eventuell wird die Bewegung nur verlangsamt. Nach 40—50 Minuten sind die meisten im Präparat vorhandenen Diatomeen wieder in Bewegung.

Auch andere Formen erwiesen sich dem Seewasser gegenüber als äußerst resistent. So etwa ganz überraschend die Form *Cymbella pusilla*. Diese kleine Diatomee, eine der am weitest verbreiteten und zahlenmäßig häufigsten Diatomeen des Salzlachengebietes, ist gegenüber ökologischen Extremen äußerst resistent. Da die Zellen nur sehr klein sind, kann man die Plasmolyse nur schwer sehen, jedoch sind die Abhebungen in der Gürtelbandansicht bei 0,3 Seew. schon recht deutlich. Die Konzentration kann bis 0,9 Seew. gesteigert werden, und noch immer beginnt die Zelle, wenn auch erst nach langer Zeit, wieder mit den Bewegungen; erst bei 1,0 Seew. tritt die Erstarrung ein, und der Protoplast dehnt sich nicht mehr aus, die Zellen bleiben krampfig plasmolysiert.

Auch die halophile Form *Nitzschia hungarica* erträgt hohe Konzentrationen von Seewasser. Bei normaler Plasmolyse ist die oberste Resistenzschwelle bei 0,55 Seew. anzunehmen. Bei stufenweiser „Gewöhnung" an das Hypertonikum werden Lösungen bis zu einer Konzentration von 0,8 Seew. ertragen. Die Zellen nehmen wieder ihre Bewegung auf. Erst bei höheren Konzentrationen erfolgt eine Schädigung des Protoplasten, und die Zellen sterben ab.

Die Diatomeen des Salzlachengebietes können recht hohe Salzkonzentrationen ertragen, doch ist bemerkenswert, daß Traubenzuckerlösungen auf das Plasma schädigender wirken als die Salze. CHOLNOKY (1928) hat Ähnliches im Verlauf seiner Versuche beobachtet und schreibt dazu: „Die zumeist unter dem Deckglas eingesaugten Lösungen wirken aber in mancher Hinsicht von den bisher gesehenen Fällen abweichend. Diese Abweichung kann ich nur durch den Unterschied in der Wirkungsweise der zwei Plasmolytika erklären. Die sozusagen natürliche Plasmolyse durch Eintrocknen übt ihre Wirkung allmählich aus, die eindringende Zuckerlösung wirkt aber ganz plötzlich, und dementsprechend waren die Wirkungen auch viel tiefgreifender, viel gewaltsamer."

Obwohl CHOLNOKY unter natürlicher Plasmolyse das Eintrocknen versteht, das ganz langsam vor sich geht, könnte man aber vielleicht den Ausdruck noch auf die Plasmolyse durch Salzlösungen ausdehnen. Die chemische Zusammensetzung ist ähnlich, und der Protoplast bekommt nicht den „Schock", dem er bei plötzlicher Berührung mit TRZ-Lösung ausgesetzt ist. Wo Traubenzucker vertragen wird, kann man den Endpunkt der Deplasmolyse mit dem Zeitpunkt des Bewegungsbeginnes gleichsetzen. In Kochsalz-Lösungen dagegen verharren die Zellen nach vollendeter Deplasmolyse noch wenige Minuten bewegungslos. Auch gegen TRZ erweist sich die Diatomee *Anomoeoneis sphaerophora* als sehr resistent. 0,4 mol TRZ bewirkt noch keine Schädigung; die Zellen sind auch nach Tagen noch immer lebensfähig. *A. polygramma*, die bisweilen im bearbeiteten Material vorkam, war nicht durch so hohe Resistenz ausgezeichnet. Die Plasmolyse tritt nur unwesentlich später ein als bei *A. sphaerophora*, allerdings in stärkerem Maß; und die Dauer der Deplasmolysezeit ist bedeutend länger. Besonders auffällig wird das aber erst bei höheren Konzentrationen. *A. sculpta* kam nur in ganz seltenen Fällen vor und dann in solch geringen Mengen, daß sie sich zur Beobachtung der Deplasmolysezeit nicht heranziehen ließ.

Nitzschia hungarica erträgt (anders als bei NaCl und Seew.-Lösungen) nur geringe TRZ-Konzentrationen. Schon bei 0,45 mol treten Schädigungen auf. Die Zellen verharren in Ruhe. Bei stufenweiser Erhöhung der Konzentration des Plasmolytikums können etwas höhere Werte erzielt werden: die Resistenzschwelle liegt dann erst bei 0,55 mol TRZ. *Cymbella pusilla* zeigt sich auch gegen TRZ recht resistent. 0,4 mol TRZ erträgt sie noch ohne Schädigung. Es ist zu erwarten, daß auch höhere Konzentrationen von dieser Alge ertragen werden können.

Die Wiederaufnahme der Bewegung wird als Vitalitätsreaktion angenommen, da sie erst nach vollständiger Deplasmolyse eintritt und in diesem Moment die Veränderungen, die mit dem Protoplasten durch den Einfluß des Plasmolytikums vor sich gegangen sind, wohl vollständig zurückgegangen sind. Die Weiterbewegung, hervorgerufen durch die Reibung des längs der Raphe fließenden Plasmastromes an einer Unterlage, zeigt, daß das Plasma durch das Plasmolytikum keine Schädigung erfahren hat. Die „Resistenzschwelle" wurde nun bei jener Konzentration angenommen, unter deren Einfluß noch keine bleibenden Schädigungen auftreten. Das bedeutet: Nach mehr oder weniger lang dauernder Plasmolyse dehnt sich der Protoplast normal wieder aus, und nach vollendeter Deplasmolyse tritt der Raphestrom wieder in Tätigkeit. Die nächsthöhere Konzentrationsstufe führt zu irreversiblen Veränderungen des Protoplasten, die ich in meinen Protokollen als „Erstarrung" bezeichnete, und in der Folge davon zum Absterben.

Bei einem Vergleich der einzelnen Deplasmolysezeiten der zu verschiedenen Jahreszeiten gesammelten Materialien fällt auf, daß die Resistenzschwelle jahreszeitlichen Schwankungen unterworfen ist. Gleichzeitig mit der Resistenzschwelle differieren natürlich auch die osmotischen Werte einer Art, worüber schon ÜBELEIS berichtete. Im Verlauf eines Jahres kommt es zu starken Streuungen der ermittelten Deplasmolysezeiten. Auffällig wird das jedoch nur bei den im TRZ-Versuch gewonnenen Daten. Im Gegensatz dazu liegen die Werte aus dem Seewasserversuch dicht beisammen und jahreszeitliche Verschiebungen der Zellsaftkonzentration und der Resistenzschwelle sind nicht zu beobachten. Das im Herbst und Winter gesammelte Material benötigt zur Wiederaufnahme der Bewegung bedeutend kürzere Zeit als im Frühjahr gesammelte Proben. Das Diagramm gibt ein deutliches Bild der jahreszeitlichen Verschiebung der osmotischen Werte, wie sie schon ÜBELEIS (1957) für die Diatomeen beobachtete, und zahlreiche Erfahrungen an Anthophyten-Zellen (vgl. BIEBL 1962) bestätigen. Denn auch bei den Lebermoosen schwanken die osmotischen Werte im Lauf eines Jahres sehr stark. Die höchsten osmotischen Werte beobachtete WILL-RICHTER (1949) im Winter und die niedrigsten im Frühjahr und Sommer. Für die osmotische Einstellung der Diatomeen sind sicher neben der Temperatur auch die geänderten chemischen und physikalischen Umweltsbedingungen von ausschlaggebender Bedeutung. Bei eingehenden Versuchen werden wahrscheinlich unter den zahlreichen Formen auch Sommer- und Wintertypen zu unterscheiden sein.

In einer solch artenreichen Gruppe wie es die *Bacillariophyten* sind, gibt es Formen, die für die verschiedensten Lebensbereiche charakteristisch sind. Von Arten, die nur in Süßwasser vorkommen, bis zur extremen Halophilie gibt es zahlreiche Übergangsformen, die, je nach ihren ökologischen Eigenarten, in Gewässern verschiedenster chemischer Zusammensetzung ihr Hauptverbreitungsgebiet haben (vgl. HUSTEDT 1959, GESSNER 1959, LÖFFLER 1957). Als spezifische und spezialisierte Süßwasserform kann man *Nitzschia sigmoidea* bezeichnen, die nur ganz vereinzelt im schwach brackigen Wasser vorkommt. Diese Art zeigt nun bei Behandlung mit NaCl-Lösungen ein ganz charakteristisches Verhalten. Es kommt wohl zur Deplasmolyse, aber die Wiederbewegung bleibt aus. Das Plasma hat durch das Plasmolytikum eine Strukturänderung erfahren. In seinem Inneren treten Vakuolen auf. Es nimmt ein sehr zerklüftetes Aussehen an. Auch bei Versuchen mit TRZ tritt nur in ganz seltenen Fällen eine Wiederaufnahme der Bewegung ein. Die Chromatophoren weisen keine Veränderungen auf, die auf ein Absterben der Zelle schließen lassen, genausowenig ändert sich die Farbe der Chromatophoren. Bei einer Konzentration von 0,25 mol kommt es zur Krampfplasmolyse, die Chromatophorenenden sind nicht mehr so glatt und gerundet, sondern weisen tiefe Buchten auf, die nicht mehr ausgeglichen werden können.

Man könnte annehmen, daß Diatomeen, die in der gleichen Lebensgemeinschaft vorkommen und daher auch den gleichen ökologischen Bedingungen unterworfen sind, auch bezüglich ihrer Resistenz gleiche oder zumindest ähnliche Werte aufwiesen. Dies ist aber nicht der Fall. Die erblichen Anlagen in den Algen sind ja effektiver als die geänderten Außenfaktoren (vgl. BIEBL 1958). Wie schon BAUER (1938) und FISCHER (1952) beobachtet haben, können die osmotischen Werte der in einer Biozönose lebenden Algen sehr differieren. Auch die Resistenzschwellen liegen nicht einheitlich. Die bei normaler Plasmolyse für die Diatomeen schädliche Konzentration kann ertragen werden, wenn die Konzentration des Plasmolytikums langsam gesteigert wird, und die Alge sich an die hohen Konzentrationen „gewöhnen" kann. Durch solche Behandlung kann man die Resistenzschwelle bis zu 0,2 Mol-Stufen nach oben verschieben.

V. Zusammenfassung

Diatomeen aus den stark salzhältigen Lachen des Seewinkels am Neusiedler See (österreichisches Burgenland) wurden auf ihre Resistenz gegen Salz- und Zuckerlösungen verschiedener Konzentration untersucht. Im besonderen wurde die Wirkung reiner (nicht äquilibrierter) NaCl-Lösung, TRZ-Lösung in Standortswasser und von Seewasserverdünnungen (aus Neapel) vergleichend untersucht.

Gegenüber reiner NaCl-Lösung wurde eine ziemlich gute Widerstandsfähigkeit bei *Nitzschia hungarica*, *Anomoeoneis sphaerophora* und *Cymbella pusilla* beobachtet. In Verdünnungsreihen von Seewasser waren die genannten Kieselalgen noch wesentlich resistenter, TRZ dagegen wirkte schädigender.

Als Kriterium der Vitalität wurde die Wiederaufnahme der den Diatomeen eigenen Lokomotion genommen. Wenn im Permeabilitätsversuch die Plasmolyse wieder zurückgeht, so tritt diese Bewegung, wie bekannt, erst nach völliger Deplasmolyse wieder ein. Im Moment der Wiederbewegung sind die Veränderungen, die der

Protoplast im hypertonischen Medium erlitten hat, im wesentlichen wieder behoben. Daß das Plasma in solchen Fällen durch die Plasmolyse nicht geschädigt worden ist, kann dann angenommen werden, wenn der Raphestrom sich in der alten Schnelligkeit wieder in Bewegung setzt.

Die „Resistenzschwelle" wurde nun bei jener Konzentration angenommen, unter deren Einfluß das Material noch keine irreversiblen plasmatischen Schädigungen aufwies, das heißt, nach einer gewissen Zeit der „Starre" sich wiederum bewegen konnte. Die nächste Konzentrationsstufe über dieser Resistenzschwelle führt zu irreversiblen Veränderungen und in der Folge wohl allgemein zur Nekrose. Die derart bezeichnete Resistenzschwelle schwankt — jahreszeitlich bedingt — recht stark. Damit symbat konnte auch eine Schwankung der osmotischen Werte gemessen werden. Im Laufe des jahreszeitlichen Zyklus kommt es zu ziemlich starken Streuungen, die besonders bei Traubenzuckerlösungen deutlich hervortreten. Werte, die aus Seewasser gewonnen wurden, lagen im Gegensatz zu den im Traubenzuckerversuch ermittelten eng beisammen. Besonders hohe Zellsaftkonzentrationen und damit verbunden auch hohe Resistenz findet man im Herbst und Winter, während im Sommer intermediäre Werte der Normalfall sind.

Es wäre zu erwarten, daß Diatomeen, die in derselben Biozönose vorkommen und den gleichen ökologischen Bedingungen unterworfen sind, auch hinsichtlich ihrer Resistenz ähnliche Werte ergäben. Dies ist aber durchaus nicht immer der Fall. Die osmotischen Werte können sehr stark differieren, und auch die Resistenzschwellen liegen nicht einheitlich.

Auch diejenigen Konzentrationen, die für bestimmte Diatomeen bei plötzlicher Einwirkung tödlich wirken, können ertragen werden, wenn die Alge langsam, stufenweise, in immer höhere Konzentrationen übertragen wird. Durch solche Behandlung läßt sich die Resistenzschwelle etwas nach oben verschieben. *Nitzschia hungarica* zeigt bei 0,45 mol NaCl schon Schädigungen, bei Vorbehandlung kann die Schädigungsschwelle bis 0,55 mol erhöht werden. Ähnliches ergab sich im Traubenzuckerversuch. Die größte Differenz tritt hingegen im Seewasserversuch auf. Hier kann die Resistenzschwelle um 0,2 Mol.-Stufen nach oben verschoben werden.

Wie bekannt, gibt es unter den *Bacillariophyten* Gattungen, die bevorzugt in bestimmten Lebensbereichen vorkommen. (Das Salzlachengebiet ist von HUSTEDT 1959 eingehend bearbeitet worden.) Neben extrem stenöken Süßwasserbewohnern und Arten, die nur in mehr oder weniger salzigen Gewässern ihr Hauptverbreitungsgebiet haben, gibt es zahlreiche Übergangsformen. Diese euryöken

Formen (nach KOLBES Terminologie, 1932) haben ihr Hauptverbreitungsgebiet, je nach ihren ökologischen Eigenarten, in Gewässern verschiedenster chemischer Zusammensetzung. Als indifferente Form kann man die Diatomee *Nitzschia sigmoidea* bezeichnen. Bevorzugt kommt sie in reinem Süßwasser vor und nur vereinzelt auch in schwach salzigen Gewässern. Diese Spezies zeigt nun bei Behandlung mit NaCl-Lösung ein sehr charakteristisches Verhalten. Nach vollendeter Deplasmolyse tritt eine Wiederbewegung nicht mehr ein. Das Plasma hat eine starke Schädigung erfahren. Schon bei relativ niedrigen Konzentrationen ändert es seine Struktur, wird vakuolig und stirbt ab. Im Gegensatz zu NaCl-Lösungen, die solch irreversible Veränderungen hervorrufen, wirken TRZ-Lösungen auf Süßwasserdiatomeen weniger schädigend. Dem gegenüber stehen die halophilen Formen; einer ihrer typischen Vertreter ist *Nitzschia hungarica*. Diese Kieselalge erträgt selbst hohe NaCl-Konzentrationen noch ohne Schädigung, und auch die Resistenz gegen TRZ ist ziemlich hoch. Die *Anomoeoneis*-Arten, die nach KOLBES System auch als halophil zu bezeichnen sind, zeigen gegenüber NaCl- und TRZ-Lösungen eine recht starke Resistenz.

Allgemein: Parallel zur Konzentrationsänderung der Standortsgewässer schwankt bei allen bisher untersuchten Diatomeen die Resistenz gegen hochhypertonische Plasmolytika. Seewasser wurde hier zum erstenmal für Resistenzuntersuchungen herangezogen. Und überraschenderweise konnte beobachtet werden, daß Diatomeen gegen Seewasserverdünnungen eine noch erheblich größere Widerstandsfähigkeit besaßen als gegen mit Standortswasser hergestellte TRZ- oder NaCl-Lösungen.

VI. Literatur

BAUER, L., 1938: Über das Verhalten der Diatomeen in hyper- und hypotonischen Medien. Arch. f. Prot. *91*, 267—291.
BIEBL, R., 1937: Ökologische und zellphysiologische Studien an Rotalgen der englischen Südküste. Beih. z. Bot. Zentralbl. *57*, Abt. A, 381—424.
— 1938a: Trockenresistenz und osmotische Empfindlichkeit der Meeresalgen verschieden tiefer Standorte. Jahrb. f. Wiss. Bot. *86*, 350—386.
— 1952: Ecological and non-environmental constitutional resistance of the protoplasm of marine algae. Journ. Mar. Biol. Assoc., Vol. *31*, 307—315.
— 1958: Temperatur und osmotische Resistenz der marinen Algen der bretonischen Küste. Protoplasma *50*, 2, 217—242.
BOGEN, H. J., 1956a: Nichtosmotische Aufnahme von Wasser und gelösten Anelektrolyten. Ber. d. Deutsch. Bot. Ges. *69*, 209—222.
BOGEN, H. J., FOLLMANN, G., 1955: Osmotische und nichtosmotische Stoffaufnahme bei Diatomeen. Planta *45*, 125—146.

Cholnoky, B. V., 1928: Über die Wirkung von hyper- und hypotonischen Lösungen auf einige Diatomeen. Intern. Rev. d. ges. Hydrobiol. *19*, 452—500.
— 1930: Untersuchungen über den Plasmolyseort der Algenzellen I—II. Protoplasma *11*, 278—297.
— 1932: Neue Beiträge zur Kenntnis der Plasmolyse bei den Diatomeen. Intern. Rev. d. ges. Hydrobiol. *27*, 306—314.
— 1935: Plasmolyse und Lebendfärbung bei *Melosira*. Protoplasma *22*, 161—172.
Cholnoky, B. v. und Höfler, K., 1944: Plasmolyse und Bewegungsvermögen der Diatomee *Amphiprora paludosa*. Protoplasma *39*, Heft 1, 155—164.
Collander, R., Bärlund, H., 1933: Permeabilitätsstudien an *Chara ceratophylla*. II. Die Permeabilität für Nichtelektrolyte. Acta Bot. Fenn. *6*, 3—20.
Elo, J. E., 1937: Vergleichende Permeabilitätsstudien, besonders an niedrigen Pflanzen. Anal. Bot. Soc. Zool.-Fenn. *8*, 6, 1—108.
Fischer, H., 1952: Über das Verhalten einiger Wattdiatomeen in hypertonischen Lösungen. Ber. d. Deutsch. Bot. Ges. *65*, 218—228.
Franz, H., Höfler, K., Scherf, E., 1937: Zur Biosoziologie des Salzlachengebietes am Ostufer des Neusiedler Sees. Verh. Zool. Bot. Ges. Wien, *86/87*, 297.
Geitler, L., 1928: Neue cytologische Arbeiten über Diatomeen. Sammelref. Arch. f. Prot. *64*, 495.
Gessner, F., 1959: Hydrobotanik. II. Stoffhaushalt. Berlin.
Höfler, K., 1918: Permeabilitätsbestimmungen nach der plasmometrischen Methode. Ber. d. Deutsch. Bot. Ges. *36*, 414—422.
— 1926: Über die Zuckerpermeabilität plasmolysierter Protoplaste. Planta *2*, 454—475.
— 1930: Über Eintritts- und Rückgangsgeschwindigkeit der Plasmolyse und eine Methode zur Bestimmung der Wasserpermeabilität des Protoplasten. Jahrb. f. Wiss. Bot. *73*, 300.
— 1932: Vergleichende Protoplasmatik. Ber. d. Deutsch. Bot. Ges. *50*, (53)—(67).
— 1934: Permeabilitätsstudien an Stengelzellen von *Majanthemum bifolium*. (Zur Kenntnis der spezifischen Permeabilitätsreihen I.) Sitzber. Akad. Wiss., math.-nat. Kl., Abt. 1, *143*, 213—264.
— 1940: Aus der Protoplasmatik der Diatomeen. Ber. d. Deutsch. Bot. Ges. *58*, 97—120.
— 1942: Unsere derzeitige Kenntnis von den spezifischen Permeabilitätsreihen. Ber. d. Deutsch. Bot. Ges. *60*, 179.
— 1956: Zellphysiologische Studien an Meeresalgen. Ber. d. Deutsch. Bot. Ges. *69*, 301—308.
— 1959: Permeabilität und Plasmabau. Ber. d. Deutsch. Bot. Ges. *77*, Heft 5/6, 236—245.
— 1960: Über die Permeabilität der Diatomee *Caloneis obtusa*. Protoplasma *52*, 5—25.
— 1963: Zellstudien an *Biddulphia titiana* Grunow. Protoplasma *56*, 1—53.

HÖFLER, K., LEGLER, F., 1940: Über die Salzresistenz einiger Diatomeen aus dem Franzensbader Mineralmoor. Beih. z. Bot. Zentralbl. *60*, Abt. A, 327—342.

HÖFLER, K., URL, W., 1957: Kann man osmotische Werte plasmolytisch bestimmen? Ber. d. Deutsch. Bot. Ges. *70*, 462—476.

HÖFLER, K., URL, W., DISKUS, A., 1956: Zellphysiologische Versuche und Beobachtungen an Algen der Lagune von Venedig. Boll. Mus. Civ. Venezia *IX.*, 1956.

HOFMEISTER, L., 1935: Verschiedene Permeabilitätsreihen bei einer und derselben Zellsorte von *Ranunculus repens*. Jb. Wiss. Bot. *86*, 401.

— 1948: Über die Permeabilitätsbestimmung nach der Deplasmolysezeit. Sitzber. d. Akad. Wiss. Wien, math.-nat. Kl., Abt. 1, *157*, 83—95.

HUSTEDT, F., 1927: Die Kieselalgen, RABENHORST, Kryptogamenflora. VII/I.

— 1930: Bacillariophyta. In Süßwasserflora Mitteleuropas, hgg. v. PASCHER, Heft *10*, 2. Aufl.

— 1959: Die Diatomeenflora des Salzlachengebietes im östlichen Burgenland. Sitzber. Akad. Wiss. Wien, math.-nat. Kl., Abt. 1, *168*, Heft 4/5, 387—452.

KARSTEN, G., 1896/97: Untersuchungen über Diatomeen I—III. Flora *82/83*, 286—296, 33—53, 203—220.

KLEBS, G., 1888: Beiträge zur Physiologie der Pflanzenzelle. Unters. Bot. Inst. zu Tübingen *II.*, 489.

KOLBE, R. W., 1932: Grundlinien einer allgemeinen Ökologie der Diatomeen. Ergebn. d. Biol. *8*, 221—348.

KÜSTER, E., 1935: Die Pflanzenzelle, Jena.

LAUTERBORN, R., 1896: Untersuchungen über Bau, Kernteilung und Bewegung der Diatomeen. Leipzig.

LEGLER, F., 1939: Studien über die Ökologie der rezenten und fossilen Diatomeenflora des Egerer-Franzensbader Tertiärbeckens. Beih. z. Bot. Zentralbl. *59*, Abh. A, 1/2.

LEGLER, F., SCHINDLER, H., 1939: Zentrifugierungsversuche an Diatomeenzellen (vorl. Mitt.). Protoplasma *33*, 469—473.

LEGLER, F., 1941: Zur Ökologie der Diatomeen burgenländischer Natrontümpel. Sitzber. d. Akad. Wiss. Wien, math.-nat. Kl., Abt. 1, *150*, 45—72.

LÖFFLER, H., 1957: Vergleichende limnologische Untersuchungen an den Gewässern des Seewinkels (Burgenland). Verh. Zool. Bot. Ges. *97*, 27—52.

MARKLUND, G., 1936: Vergleichende Permeabilitätsstudien an pflanzlichen Protoplasten. Acta Bot. Fenn. *18*, 1—110.

MÜLLER, O., 1889: Die Durchbrechung der Zellwand in ihren Beziehungen zur Ortsbewegung der Bacillariaceen. Ber. d. Deutsch. Bot. Ges. *7*, 169—183.

— 1893—1909: Die Ortsbewegung der Bacillariaceen betreffend. I—VII. Ber. d. Deutsch. Bot.Ges. 11—27.

OVERTON, E., 1899: Über die allgemeinen osmotischen Eigenschaften der Zelle, ihre vermutlichen Ursachen und ihre Bedeutung für die Physiologie. Vierteljahrschr. Naturf. Ges., Zürich. *44*, 88.

PANTOCSEK, J., 1912: Bacillariae Lacus Peisonis. Pozsony (Preßburg).

PLASS, H., 1943: Zur Pathologie der Diatomeenplastiden II. Aufquellung durch Ammoniak. Protoplasma *37*, 189.
RICHTER, O., 1906: Zur Physiologie der Diatomeen (1. Mitt.). Sitzber. Akad. d. Wiss. Wien, math.-nat. Kl., Abt. 1, *115*, 27.
— 1909: Zur Physiologie der Diatomeen (2. Mitt.). Die Biologie der *Nitzschia putrida*. Denkschr. Akad. d. Wiss. Wien, math.-nat. Kl. *84*, 657.
RUHLAND, W., HOFFMANN, C., 1925: Die Permeabilität von *Beggiatoa mirabilis*. Ein Beitrag zur Ultrafiltertheorie des Plasmas. Planta *1*, 1.
ÜBELEIS, I., 1957: Osmotischer Wert, Zucker- und Harnstoffpermeabilität einiger Diatomeen. Sitzber. Akad. d. Wiss. Wien, math.-nat. Kl., Abt. 1, *166*. Bd., Heft 10, 395—433.
WEBER, F., 1929: Plasmolyse-Ort. Protoplasma *7*, 583—601.
WILL-RICHTER, G., 1949: Der osmotische Wert der Lebermoose. Sitzber. d. Akad. d. Wiss. Wien, math.-nat. K., Abt. 1, *518*, 431.

Die in den Sitzungsberichten Abtlg. I und Abtlg. II der math.-nat. Klasse der Österr. Ak. d. Wiss. erscheinenden Abhandlungen werden auch einzeln abgegeben. Sie können durch jede Buchhandlung oder direkt durch die Auslieferungsstelle der Österreichischen Akademie der Wissenschaften (Wien I, Singerstraße 12) bezogen werden.

Nachfolgende Abhandlungen aus dem Fach der **Zoologie** sind erschienen:

1959 (S I Bd. 168):

Löffler Heinz: Zur Limnologie. Entomostraken- und Rotatorienfauna des Seewinkelgebietes (Burgenland, Österreich) (mit 5 Textabbildungen und 4 Tafeln). S 60.20

Remaudière Georges: Zoologisch-systematische Ergebnisse der Studienreise von H. Janetschek und W. Steiner in die spanische Sierra Nevada 1954. XI. Homoptera, Aphidoidea (mit 12 Textabbildungen). S 9.70

Schubart Otto: Zoologisch-systematische Ergebnisse der Studienreise von H. Janetschek und W. Steiner in die spanische Sierra Nevada 1954. XII. Diplopoda (mit 9 Textabbildungen). S 16.50

Schuster Reinhart: Ökologisch-faunistische Untersuchungen an den bodenbewohnenden Kleinarthropoden (speziell Oribatiden) des Salzlachengebietes im Seewinkel (mit 6 Textabbildungen). S 45.40

Steiner Walter: Zoologisch-systematische Ergebnisse der Studienreise von H. Janetschek und W. Steiner in die spanische Sierra Nevada 1954. X. Springschwänze (Collembola) (mit 5 Textabbildungen). S 12.90

Wettstein-Westersheimb Otto: Die alpinen Erdmäuse. S 10.—

1960 (S I Bd. 169):

Abel W.: Biophysikalische Gesetzmäßigkeiten am Vogelei (Das Aktivstufengesetz und Energiegesetz) (mit 20 Abbildungen, davon 2 Abbildungen auf 1 Tafel). S 60.—

Nemenz H.: Experimente zur Ionenregulation der Larve von Ephydra cinerea Jones (Dipt.) (mit 7 Textabbildungen). S 20.30

Viets O. Kurt: Kleine Sammlungen von Wassermilben (Hydrachnellae und Porohalacaridae aus Österreich (mit 9 Textabbildungen). S 17.—

1961 (S I Bd. 170):

Abel E. F., Über die Beziehungen mariner Fische zu Hartbodenstrukturen (mit 5 Textabbildungen). S 170—24, S 47.—

Eiselt Josef, Neubeschreibungen und Revision siphonostomer Cyclopoiden (Copepoda, Crust.) von der südlichen Hemisphäre nebst Bemerkungen über die Familie Artotrogidae Brady 1880 (mit 18 Textabbildungen). S 170—29, S 82.—

Gozmány L., Zoologische Ergebnisse der Mazedonienreisen Friedrich Kasys. III. Teil: Lepidoptera: Gelechiidae. Eine neue Art der Gattung Eremica (mit 1 Textabbildung). S 170—28, S 5.—

Hannemann H. J., Zoologische Ergebnisse der Mazedonienreisen Friedrich Kasys. II. Teil: Lepidoptera: Scythridae (mit 4 Textabbildungen). S 170—27, S 8.—

Petrovitz Rudolf, Zoologische Ergebnisse der Österreichischen Karakorum-Expedition 1958. II. Teil: Coleoptera: Scarabaeidae (mit 12 Textabbildungen). S 170—5, S 17.90

Starmühlner Ferdinand, Eine kleine Molluskenausbeute aus Nord- und Ostiran (mit 1 Textabbildung und 2 Tafeln). S 170—4, S 14.70

Toll Sergiusz, Zoologische Ergebnisse der Mazedonienreisen Friedrich Kasys. I. Teil: Lepidoptera: Choleophoridae (mit 54 Textabbildungen und 1 Tafel). S 170—26, S 33.—

1962 (S I Bd. 171):

Beier Max, Zoologische Studien in West-Griechenland. X. Teil. Walter Klemm, Die Gehäuseschnecken (mit 1 Kartenskizze, 2 Abbildungen und 4 Tafeln) 171—7, S 55.—

Schedl Wolfgang, Ein Beitrag zur Kenntnis der Pilzübertragungsweise bei xylomycetophagen Scolytiden (Coleoptera) (mit 16 Abbildungen) 171—19, S 39.—

MIX
Papier aus verantwortungsvollen Quellen
Paper from responsible sources
FSC® C105338

If you have any concerns about our products,
you can contact us on
ProductSafety@springernature.com

In case Publisher is established outside the EU,
the EU authorized representative is:
**Springer Nature Customer Service Center GmbH
Europaplatz 3, 69115 Heidelberg, Germany**

Printed by Libri Plureos GmbH
in Hamburg, Germany